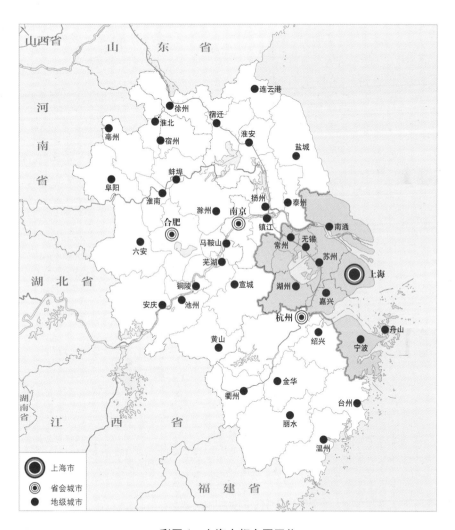

彩图 1 上海大都市圈区位

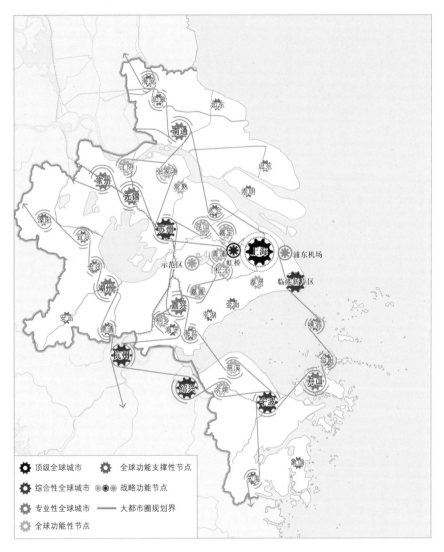

彩图 2　上海大都市圈功能体系规划

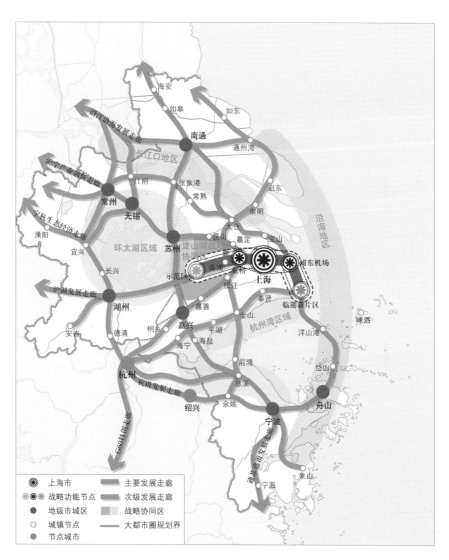

彩图 3 上海大都市圈总体空间结构规划

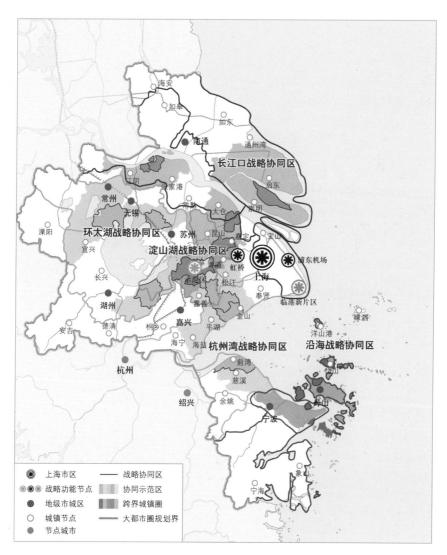

彩图 4　上海大都市圈空间协同层次范围示意

彩图 5 《法兰西岛大区 2030 总体规划》区域空间规划目标

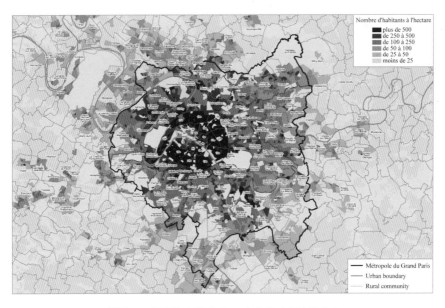

彩图 6　大巴黎大都市人口密度分布(2017 年)

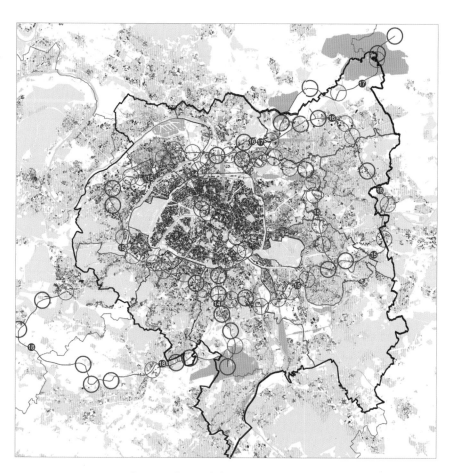

彩图 7　大巴黎大都市区住宅密度分布

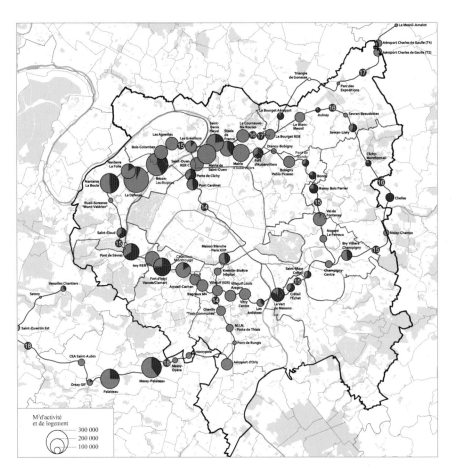

彩图 8　大巴黎快线沿线街区就业与住宅的可建设面积比例

双都互镜

上海大都市圈与大巴黎大都市
规划治理比较研究

———————————

主　编：屠启宇　[法]克里斯蒂安娜·马佐尼
副主编：陶希东　樊　朗

上海社会科学院出版社
SHANGHAI ACADEMY OF SOCIAL SCIENCES PRESS

图书在版编目（CIP）数据

双都互镜：上海大都市圈与大巴黎大都市规划治理
比较研究 / 屠启宇，（法）克里斯蒂安娜·马佐尼主编
.— 上海：上海社会科学院出版社，2023
　　ISBN 978 - 7 - 5520 - 4219 - 1

　　Ⅰ．①双…　Ⅱ．①屠…　②克…　Ⅲ．①城市规划—对
比研究—上海、巴黎　Ⅳ．①TU984

中国国家版本馆 CIP 数据核字（2023）第 163795 号

审图号：GS（2023）2078 号

双都互镜：上海大都市圈与大巴黎大都市规划治理比较研究

主　　编：屠启宇　［法］克里斯蒂安娜·马佐尼
副 主 编：陶希东　樊　朗
责任编辑：应韶荃
封面设计：右序设计
出版发行：上海社会科学院出版社
　　　　　上海顺昌路 622 号　邮编 200025
　　　　　电话总机 021 - 63315947　销售热线 021 - 53063735
　　　　　http://www.sassp.cn　E-mail：sassp@sassp.cn
照　　排：南京理工出版信息技术有限公司
印　　刷：上海景条印刷有限公司
开　　本：710 毫米×1010 毫米　1/16
印　　张：19
插　　页：4
字　　数：272 千
版　　次：2023 年 10 月第 1 版　2023 年 10 月第 1 次印刷

ISBN 978 - 7 - 5520 - 4219 - 1/TU·021　　　　　　　定价：98.00 元

中方作者

屠启宇,上海社会科学院

陶希东,上海社会科学院

苏宁,上海社会科学院

熊健,上海城市规划设计研究院

孙娟,中国城市规划设计研究院上海分院

范宇,上海市规划和自然资源局

王世营,上海市规划和自然资源局

孔卫峰,上海市规划和自然资源局

林辰辉,中国城市规划设计研究院上海分院

马璇,中国城市规划设计研究院上海分院

张振广,中国城市规划设计研究院上海分院

陈阳,中国城市规划设计研究院上海分院

张亢,中国城市规划设计研究院上海分院

李丹,中国城市规划设计研究院上海分院

宋煜,上海市城市规划设计研究院

杜凤姣,上海市城市规划设计研究院

李娜,上海社会科学院

薛泽林,上海社会科学院

张岩,上海社会科学院

凌燕,上海社会科学院

夏文,上海社会科学院

纪慰华,浦东改革发展研究院

辛晓睿,浙江工商大学

法方作者

克里斯蒂安娜·马佐尼,巴黎美丽城国立高等建筑学院

樊朗,斯特拉斯堡国立高等建筑学院

洛朗·库德罗伊·得里尔,巴黎东大克雷泰伊学院

米雷耶·费里,前法兰西岛大区整治与规划研究院(今巴黎地区研究院)副院长

皮埃尔·芝萨,巴黎前副市长,负责巴黎大都市创建以及巴黎市与法兰西岛大区内各地方政府的关系

安托万·格伦巴赫,巴黎美丽城国立高等建筑学院

阿尔伯特·莱维,法国城市规划研究院

目 录

II 现状比较

III 问题比较

IV　规划比较

序章 互镜之中看"大上海"与 "大巴黎"

屠启宇 克里斯蒂安娜·马佐尼

这是一部关于两个顶流大都市如何"出圈"的比较研究著作。

在 21 世纪第一个 10 年,分处亚欧大陆两端的上海和巴黎几乎同步实质性启动了超越城市行政边界的城市-区域协同发展。在法国,2013 年通过了《法兰西岛大区总体规划(2013—2030)》(*Schéma directeur de la région Ile-de-France*);2016 年元旦,基于《关于国土空间公共行动现代化和大都市确认法》(*Loi MAPTAM*,简称"大都市法")正式设立"大巴黎大都市"(Métropole du Grand Paris,以下简称"大巴黎")。在中国,上海市、江苏省和浙江省于 2019 年共同启动编制并于 2022 年批准通过了《上海大都市圈空间协同规划》(*Spatial Cooperative Plan of Greater Shanghai Metropolitan Area 2022—2035*);以构建上海大都市圈(以下简称"大上海"),打造具有全球影响力的世界级城市群。在此意义上,两个世界顶流大都市正式"出圈"了。

本书汇集了上海和巴黎两地深度参与大上海、大巴黎前期研究、规划编制和实施监测的知名城市-区域研究学者的研究成果,尝试以互镜的方式(以对方为镜,反观自己)介绍和分析从城市走向城市-区域的历程、现状及未来。

一、出圈：从城市走向城市-区域

（一）探索城市-区域最佳尺度：理论的胜利与徒劳

将民众和领导人的发展视野从单个城市的行政尺度引导向势能所及、联动所达的城市-区域功能性尺度，这是现代城市化发展中最为成功的一场理论迭代，是经济地理、区域经济、城乡规划、地理遥感和大数据等学科共同协力的一场胜利。

但是，当进入为城市-区域"划圈"的阶段，学术性研究探索变成了一系列没有尽头的徒劳。大都市、都市区、都市圈、大都市圈、大区、区域、巨型区域、通勤圈、商务圈，学术界创造了大量概念和标准，试图给出大一统的城市-区域标准刻画。实践证明，这是徒劳的。鉴于各国各地方地理空间、经济生态、行政体制以及利益相关者的现实关系千差万别，不可能也不必要设定一个统一的概念或标准。投射到上海和巴黎，规划中有共识的、实施中可执行的就是适用的概念与标准。这也是两个城市-区域各自表述为"上海大都市圈"和"大巴黎大都市"的原因。

（二）探索跨域协同可行方案：实践的艰难与甜蜜

上海和巴黎两个大都市"出圈"的过程是非常慎重、相当曲折的。在现代意义上，关于城市-区域尺度意义上的"大巴黎"和"大上海"的行政探索至少可以追溯到1965年的制定的《巴黎大区国土整治和城市规划指导纲要》（*Schéma directeur d'aménagement et d'urbanisme de la région de Paris*）和1982年成立的上海经济区规划办公室。以上的规划指导纲要和规划办公室，分别是由法国和中国中央政府出面制定和设立。其后，直到21世纪第一个10年，围绕巴黎和上海的出圈问题，双都在市场力量上、在各地方政府层次上、在国家层次上都经历了特别艰苦、特别复杂的多轮探索。本书的M1和M2部分分别给出了中文著作中迄今为止最为清晰的梳理。

双都探索艰难的状况是各异的,原因则是相似的。

当中心城市的发展势能已然"爆棚",关于如何合理引导其辐射释放,显然是各有态度的。归纳而言大致有:上级政府(国家政府、省级政府)往往持"功能疏解"主张,主要从平抑城市拥挤成本和平衡区域发展出发,有意识主动分解中心城市功能、扶持区域二线城市、新城;作为当事者的中心城市往往倾向"空间扩张"主张,基于对空间集聚正外部性的理念,推崇中心城市在功能上乃至行政上"收编"区域空间;区域范围内其他城镇往往是在"攀高枝"和"怕被吃"的双重心理状态间摇摆。这样的复杂情况,特别考验协商的智慧和协同的耐心。从协商协同的动力机制而言,自上而下的行政意志是重要的,但不一定是有效的;圈内利益相关者之间的共识默契更为关键;市场力量和民众选择比行政力量(含规划力量)更管用;共同愿景和重大事件是重要的推动因素。

二、对味:双都互镜的基础

凡举精神气质、时尚文化、精致生活、街道风貌,魔都上海和丽都巴黎在城市个性各方面都是相当"对味"的一对。在上海,作为行道树的悬铃木称为法国梧桐,而在巴黎同样的行道树悬铃木被称为中国梧桐,如此举目寰宇可能无出其右。

而今,在探索大国首位城市的可持续发展、负责任发展之道上,上海和巴黎又自然地同行了。在经济体量和人口规模上,上海和巴黎都是毫无疑问的首位城市。在大国可持续发展中,如何正视本城市的自身发展诉求和对国家发展的带动作用,是在上海和巴黎都长期讨论乃至于争论的议题。

可以理解的是,作为首位城市的优越感是长期形成并持续存在的。在巴黎人眼中,只有巴黎人和外省人之分;在上海人眼中,也曾经只有上海人和乡下人之分。时移势易,上海人和巴黎人都意识到,没有国家发展就没有城市更好的发展,城市-区域协同发展成为"丽都"和"魔都"的一致选择——上海、巴黎在 21 世纪 20 年代共同"出圈"。

从城市到城市-区域所可能经历的艰难,大上海和大巴黎都经历过。之所以能一路摸索前行走到今天,双都既有共同特征也有各自特点。

尽管双都对于"出圈"都长期表达了诉求并开展了谋划部署,而国家意志和国家驱动依然是发挥着最为重要的作用。大巴黎之所以能够在经历了漫长的酝酿后,在 2013 年至 2016 年间实现快速推进("大巴黎快线"启动、"大都市法"生效、"大巴黎大都市"成立),同法国 2015 年确定巴黎正式启动申报 2024 年奥运会以及巴黎于 2017 年申报成功这个大事件密不可分。上海"出圈"的直接酝酿是 2017 年出台的《上海市城市总体规划(2017—2035)》。2016 年发布的《长三角城市群发展规划》在长三角区域部署了 5 个都市圈,并明确了上海作为长三角的核心城市,但在有没有"上海的都市圈"这个问题上做了"留白"。上海新一轮城市总体规划启动之初就明确了从区域尺度谋划上海的规划思路,上海大都市圈在持续的互动酝酿中逐渐清晰。首先这是一个大都市圈,大在能级、尺度和跨行政等级的高度;其次是经过行政协商确定了范围(上海+8 市);再次是达成了这个大都市圈运作的规则即协同发展;最终,构建上海大都市圈由国务院在 2019 年《长江三角洲区域一体化发展规划纲要》明确提出。

由城市拓展向城市-区域尺度时,尽管都是大国的首位城市,但还是有巨大的差异。互镜的价值就在于观察比较双都是如何处理城市势能的延展,如何处理城市-区域尺度上的空间协同。

表 0-1　大上海城市-区域与大巴黎城市-区域的圈层结构比较

		巴黎城市-区域	上海城市-区域
中心城		巴黎市	上海主城区(含主城片区)
	面积	105 平方千米	1 161 平方千米
	人口	217 万	约 1 000 万
	行政单元	巴黎市域	无适配的行政边界
	行政属性	巴黎市	无行政属性的功能区

续表

		巴黎城市-区域	上海城市-区域
大都市区		大巴黎大都市 (Métropole du Grand Paris)	上海市 (Shanghai Municipality)
	面积	814 平方千米	6 340 平方千米(陆域)
	人口	700 万	2 400 万
	行政单元	131 个市镇	16 个区
	行政属性	新型市镇联合体	直辖市
大都市圈		法兰西岛大区 (Région Île-de-France)	上海大都市圈 (Great Shanghai Metropolitan Area)
	面积	1.2 万平方千米(陆域)	5.6 万平方千米(陆域)
	人口	1 126 万,占法国人口的 18%	7 800 万,占中国人口的 5.5%
	行政单元	8 省、1 281 个市镇	8 市、41 城
	行政属性	由 8 个省组成的一个法国大区	协同发展的跨省都市圈

三、互镜:以对方经验为镜,更好地理解自己

双都互镜首先需要强调的是反映不同研究对象的方法的意义。作为城市和地域研究的学者,在不了解其他大都市的情况下,我们对自己的都市进行了广泛的分析与研究,这使我们能够通过这两种不同地域经验的比较来理解对方。这是一种类比方法,既有演绎的,也有归纳的,该方法混合了定性和定量的方面。最重要的是,它试图阐述对未来的愿景,这些愿景对当前的巨大变化持开放态度。

(一) 互镜的逻辑

在研究中,类比方法允许详细阐述情景,这些情景不仅适用于反思将微观和宏观尺度相联系,还适用于探索"可能的未来"。这远超越单纯的

结合,而是寻求新的时空和社会视角。对城市-区域的分析,特别是在大巴黎和大上海不断变化的背景下,应该以一种预测的形式,这种预测能够反映这些地区所产生不可逆转的想法的动态及过程。对区域的观察必定能够捕捉到未曾料想到的起源和意义,特别是转变的现象和个人与集体表征。同时,必须考虑到新的环境、经济和能源挑战,这些挑战是我们对未来的要求、债务和责任的一部分。

因此,通过镜像方法和情景图的建立,根据时间和因果关系对现象进行系统性的排序。为了更好地突出给定情况演变的可能特征,要基于其演变的主要趋势制定的一系列假设。这些情境图可以指两类情景,即规范情景和预测情景:第一类情景模拟从当前状态到未来的可能发展;第二类情景按照时间顺序详细阐述了未来的情景回到当前情况。这些情景图也强调了另一类:探索潜力和对区域未来进行批判性思考的能力。探索性场景被理解为对叙事的支持,它试图审视空间的可见形式及其潜力。对可能性的探索,想象力的追求,对未来的当下反思,对发明的呼吁和建设性的努力似乎将区域情景从确定性中移除,而是将其作为一种通过试验和试错的方法,试图建立具有共享意义的视野。因此,以对方为镜是一个非常重要的实验领域,让我们可以通过类比来理解本身可能的未来。

(二) 以大上海为镜,大巴黎学到什么?

大巴黎可以从大上海学到的教训包括自然的关系,以及交通和交通基础设施如何融入该地区。在法国学者看来,中国的例子起到了"异托邦"的作用。以大上海的交通和大都市化为镜,有助于更好地理解大巴黎的特征和特殊性。

关于亚洲大都市,特别是香港,谢诺(Jean Chesneau)在他的《现代世界》(*Modernité-monde*)一书中提出了一个仿佛从虚无中出现的离地空间的形象:它们都是豪华住宅,主宰着海湾和垂直贫民窟的壮丽地平线;它们指的是一个巨大的系统,人口过剩,过度机动化,过度建设,过度编程,只有在金融投机,商业新颖性,垂直拥堵和行人高峰的不断鼓动中才能保持平衡。上海浦东新区也展现了同样的画面。在这里,法国学者的印象是空间爆裂成零散的碎片,时间在眼前被粉碎。空间本身改变了它的性质,似乎只存在于由互联网、电路、电流组成的系统中……然而,我们可以抓住许多抵制互联网、电路和电流的纯粹统治的情况。年轻或老一代占据高速公路交叉口下的间隙空间,并形成缓慢的水流;大自然在强大的金属基础设施等之间发展。看着它们,我们忘记了地面空间,我们感知到自然世界与移动和运输相关的基础设施世界之间的紧密联系和衔接。在围绕"上海2035"情景中,可以感受到对移动性、交通、移动和通行加速的类似抵抗:如新的时空组织系统似乎强加于人行道、空中人行天桥、悬索甚至下沉式广场,然后再通过折射太阳光线的烟囱用自然光照明。

　　然而,在虹桥综合交通枢纽,我们可以看到与上海大都市圈相关的场景与当前市中心的城市现实之间的强烈对比。虹桥无疑是一个巨大的多式联运平台,位于网络的十字路口,通过铁路连接到各种交通基础设施,从而连接到整个区域和全国,但它仍然是一个边缘地带。在西方人看来,多重物理障碍构成了难以跨越的有形和无形的边界。在北部居住区和南部的塔楼、购物中心和里弄之间架设的半千米宽的铁路墙,以及城市与火车候车和发车空间之间的多重控制和限制,都体现了这一点。我们是否可以说,与欧洲模式相反,虹桥枢纽内及其周围的公共空间和步行空间就像大多数中国大都市一样几乎没有进行过开发? 对我们来说,这些大都市的中心站与城市的公共空间仍然过于分离,城市化将如何演变?

（三）以大巴黎为镜,大上海可以学到什么?

　　大巴黎以可持续发展为理念,关注居民生活质量的提高和提升区域的吸引力和影响力为目的,这对推进上海大都市圈富有启示。

　　第一,大巴黎高度重视多元化,认为多样化是一种财富。一方面,尊重区域内的多样化人口结构,区域内存在城里人和农村人、本地人和外来人、定居和路过,年轻人和老年人等,并认为多样性本身就是一种财富,期望每个人都可以享用大区资源和公共财产,缩小住房、服务、交通、就业、绿地、娱乐等方面的差距。另一方面,充分满足多元化的诉求。这主要体现在多样化的出行活动和多样化的空间载体。基于所有大巴黎人的愿景,提出了更多的空间和便捷性、丰富多样的出行活动等目标。由此可见,大巴黎充分体现了区域发展的包容性。上海大都市圈有必要尊重区域内户籍人口和常住人口、老年人口和年轻人口、国内人口和国外人口等多样性,通过多样性激发区域发展活力和潜力,促进区域内多样化人口之间的交流和互动,让多样性成为区域发展的真正财富。

第二,大巴黎高度关注郊区与乡村空间发展,明确多极化发展。区域不平衡成为大巴黎发展面临的首要挑战,大巴黎采取集聚与平衡策略推动区域平衡发展。一方面,明确多极化发展战略,通过轨道交通、快线等发展新中心,并强调居住和生活的邻近发展、融合发展,以此来提高居民生活质量条件。另一方面,高度重视大巴黎中的乡镇和村落发展,在发挥它们生态环境价值的同时,深挖其旅游、经济价值,通过新的经济产业发展,如发展创新型或手工艺中小企业和中小产业,以及公共服务业等,创造就业岗位,推动生态和社会协调发展。上海大都市圈可借鉴大巴黎经验,与中国实施"乡村振兴"战略相结合。小城镇和乡村发展,成为上海大都市圈发展重要的活力节点,进一步促进都市圈内城乡一体化发展。

第三,大巴黎重视交通便捷。促进城市连接是大都市圈发展的首要前提。大巴黎以系统视角构建公共交通网络,并发生了显著性的变化。大巴黎基于促进人员和货物的流通,重建机场设施,系统改善高速铁路网、内河航运、大巴黎快线,补充大巴黎公路网。同时,注重大都市圈内中心地区与周边城镇中心之间的联系,建设新的公交车、有轨电车和慢速交通,通过基础设施建设,在站点附近建立紧凑城市。上海大都市圈也重视交通联通,进而为区域一体化发展提供硬件支撑。这里可主要借鉴两方面:一是法方推行不经过中心城市巴黎,可以直达更多地方。上海大都市圈可借鉴这个理念,加强郊区新城之间,以及郊区新城与苏浙城镇的快速联通,这样不仅避免中心城区的交通拥堵,也加强周边中小城市节点的联通效率。二是大巴黎通过基础设施的小站、大站、火车站建设,带动周边紧凑型城市发展。上海大都市圈可通过地铁轨道交通线延伸,并结合地铁上盖,带动沿线城镇发展。

第四,大巴黎重视绿色基底,建立城市与自然新关系。大巴黎积极应对气候环境变化的挑战,提出了生态宜居愿景。大巴黎主要从两方面采取策略推进:一方面,通过生态连接带限制城市扩张,约建 13 000 千米长的城市边缘带作为城市或乡镇的界线。另一方面,建设绿地、林地、自然公园等开放式空间,并加强与周边街区一体化发展,实现都市区绿地、景观、休闲娱乐等多功能。上海大都市圈规划要坚持绿色底线发展原则,采用蓝绿经纬网控制城市发展边界,充分利用郊野公园、林地、绿地等建立开放空间,与街区融合发展。

四、携手:双都共同探索城市-区域可持续发展的优秀方案

展望大上海和大巴黎的未来,可持续发展无疑是最重要的问题之一。在这个主题上必然呼唤实施合作战略。在该战略中,模型、类型和形态模式被用于对地域的整体理解。它还涉及自然的更大融合,无论是主要道路交通基础设施成为绿树成荫的大道,还是庭院和间隙通道都可以联网到大型大都市公园。可持续发展也邀请我们引入越来越多的久违的情感凝视,当我们突然停下来回味充满记忆之美的地方时,这种凝视往往会让我们感到惊讶。这种方法意味着对自己和环境的最大尊重。大巴黎需要强调的方面包括与居民协商、与协会合作、自下而上和自上而下的相关流程。大上海则需要深入考虑自然与基础设施之间的联系,处理规模、建筑和地域多样性的效率。

I 历史比较

M1　上海大都市圈的前世今生

任何一个城市或都市圈，都是在漫长的历史进程中，不断发展壮大而成的。上海大都市圈作为新时代中国东部地带出现的一种新型城市区域形态和国家战略空间，也经历了不同阶段的发展演变过程。本章从更长的历史时段出发，对其发生演变过程做一个总体性描述和分析，为进一步探讨大上海、大巴黎大都市圈规划比较提供历史基础。

一、历史时期的"江南核心区"

上海大都市圈的历史空间范围，主要为古代江南的"核心区"，即明清经济学史家所说的"太湖经济区"，包括"八府一州"（即：苏、松、常、镇、应天、杭、嘉、湖八府及太仓州）。若将自然环境、生产方式、生活方式、文化联系因素考虑在内，与"八府一州"联系的宁波、绍兴、扬州、徽州等地也在江南核心区的辐射范围之内。从经济史的角度看，这个区域在中国逐渐发挥重要经济地位的历程可分为以下两个阶段①。

---

① 熊健等：《上海大都市圈蓝皮书 2020—2021》，上海社会科学院出版社 2021 年版，第 4 页。

在南宋末期,江南核心区真正成为全国经济中心。在这个时期,以苏州(平江府)、湖州、嘉兴(秀州)、常州、宁波(庆元府)、通州(南通)为核心的江南核心区的罗、绢、绸、丝棉等产品产量均占全国首位,成为全国三大丝织品中心之一。时有"苏湖熟、天下足"之说,两浙粮食赋税、上贡钱物数为全国之最。其中苏州七县以全国 1% 的田,贡献了全国 11% 的赋税,25% 以上的军粮俸禄。

在明清时期,苏、常、松、嘉、湖、太仓等"五府一州"的大城市形成了各具特色的分工体系,小城镇也逐渐繁荣。1851 年,江南人口已达到 2 794 万人,苏州人口密度达 873 人/平方千米,常州人口密度达 537 人/平方千米,太仓人口密度达 764 人/平方千米。核心城市之间形成分工。其中,苏州成为综合性商业中心;无锡是粮食集散地,成为全国四大米市之一;湖州、嘉兴、南通、松江则分别成为全国制笔中心、丝织业、棉粮生产基地;而上海和宁波在成为通商口岸之后发展为沿海对外贸易的重要门户。

需要指出的是,在中华民族演进的较长历史时期,因经济类型、交通方式、国际关系、行政建制等因素的综合影响,如今的上海大都市圈"1+8"成员城市,基本处于地缘相近、文化相亲、联系紧密的统一"江南经济区"范畴之内,经济发展上鲜有明显的行政分割效应,但当时的产业中心、经济中心、商业中心主要处于吴淞江、黄浦江上游且行政建制地位较高的苏州领地内。当时的上海只是一个县级行政建制,经济地位也不是很高,处于整个江南经济区的边缘地带,这是上海大都市圈重生发展的最初格局和基本状态。

二、近代设想的"大上海计划"

1840 年以后,在西方列强入侵下,中国日益沦为半殖民地半封建社会,上海成为中国第一个殖民化城市,多个西方列强纷纷设立租界,城市空间经济呈现"三方四界、华洋杂居"的态势,走上了一条"国中之国""租界分割""华界衰落"的畸形发展之路。在落后挨打的大格局下,谋求民族复兴、自立自强,成为诸多仁人志士振兴中华民族的共同理想。其中,针对民族振兴与城市发展,一些著名人士在前人研究思想的基础上,提出了诸多旨在振兴上海及周边地区经济社会发展的新型城市规划思想和行动计划。如1923年实业家张謇提议的"吴淞计划",意图通过利用吴淞深水港的优势尝试开辟商埠,打破外国人通过租界控制上海港口和码头的垄断局面。1926年,地质学家丁文江博士又在军阀孙传芳管辖东南五省期间提出了所谓的"大上海计划",希望通过新建一个行政总机构"淞沪商埠督办公署",统一管理租界周围的中国地区,并改善该区域的整体市政建设等。遗憾的是,当时中国一直处于军阀混战的局面,上述规划、实践最后均流于空谈。①此外,中国民主革命的伟大先驱孙中山先生曾到访过上海二十多次,一直关心关注着殖民上海的现状与未来,其在1922年《建国方略·实业计划》中一针见血地指出了上海畸形发展的危害,并提出将上海打造成东方大港的设想,②给出了华界大致的发展纲要。

1927年中华民国南京国民政府成立,1927年7月7日,正式设立上海为特别市(这是近代中国市制的开端)。在上海特别市成立典礼上,蒋介石亲临会场做了讲话,正式提出按照孙中山建国方略的计划和要求,全面实施旨在振兴华界、抗衡租界、最终实现全市统一、走向现代化的新的"大上海计划",即绕开租界和旧市中心,在上海的东北部新造一个新上海。国民政府在同年11月,专门成立一个设计委员会,集中一批专家讨论制定上海的城市建设问题,陆续发布实施《建设上海市市中心区域计划》《建设市中心区域第一期工作计划大纲》《上海市中心区域道路系统》《上海市市中心区域分区计划》《上海市区交通计划》《新商港计划》《京沪铁路、沪杭甬铁路铺筑淞沪铁路江湾站与三民路间直线计划》《建筑黄

---

① 俞世恩:《1929年"大上海计划"的特点及其失败原因初探》,《历史教学问题》2014年第3期。

② 许云倩:《未完成的"大上海计划"》,《档案春秋》2014年第7期。

浦江虬江码头计划书》等城市建设方案,统称"大上海计划"①。这是近代以来上海发展中的第一个系统规划方案,但因受到日本入侵、财政困难等原因的影响,这个宏伟计划随着上海沦陷而被迫停止。这个宏大的都市建设计划,无疑对后来的上海及周边城市的联动融合发展产生了深远的影响。

简言之,明清时期,坐落在黄浦江边的上海,只是太湖流域的一座普通县城。但近代开埠以来,因贸易和租界的迅速发展,到 20 世纪 20 年代,上海已成为远东地区的一座国际性大都市。近现代时期,上海周边区域工业逐渐得到发展,城市体系的中心不断更替。上海、南通、无锡、常州等 4 个大城市相继兴起,城市间依托产业形成的互动网络逐渐成形。其中,上海至南京的"沪宁"沿线集中了江苏省 98% 的工业投资。上海成为外国资本、民族工业集中地,并取代广州成为贸易、金融中心。南通成为"近代工业第一城",是仅次于上海的第二大工业城市。无锡、常州则依托铁路带动沪宁沿线民族工业兴起。

三、中华人民共和国成立后的"上海经济区"

中华人民共和国成立后至改革开放前,上海成为区域的主要引领型城市,形成了以国企、大工业企业主导的经济体系,周边城市则与上海构建起基于工业发展的合作体系。1965 年,上海钢材、机床、面纱产量各占全国 25%,缝纫机占 35%,手表占 90%。上海 GDP 长期居全国第一,占全国比重一度最高达 11%,也是上海大都市圈空间地域的重要经济中心城市。改革开放以后,为了推动国家城乡经济一体化发展,国家开始全面实行"市管县"体制改革,上海大都市圈成员城市苏州、无锡、常州、南通、嘉兴、宁波、舟山、湖州等城市相继设立"市建制"并成为了下辖多个县市区

---

① 俞世恩:《1929 年"大上海计划"的特点及其失败原因初探》,《历史教学问题》2014 年第 3 期。

的地级市,确立了以城市为主体、以省市纵向运行为主的区域经济发展格局。与此同时,为了打破计划经济体制的条块分割,1980年国务院颁布实施《关于推动经济联合的暂行规定》,提出充分发挥城市的中心作用,逐步形成以城市特别是大中城市为依托的、不同规模的开放式、网络型的经济区设想,旨在发挥中心城市的辐射带动功能,促进跨省市之间的区域经济合作。这为上海大都市圈城际之间合作提供了第一次正式的制度保障。

　　1982年12月22日,国务院发布成立上海经济区规划办公室的通知,决定上海经济区的范围以上海为中心,包括上海、苏州、无锡、常州、南通和杭州、嘉兴、湖州、宁波(后来又增加绍兴)10个城市、55个县,全区土地面积74 000平方千米,占全国土地面积的0.77%,人口5 059万人,占全国总人口的5%。可见,当时的上海经济区范围与如今上海大都市圈"1+8"城市的范围基本一致。成立上海经济区的主要任务有三个:一是解决条块矛盾,解放生产力;二是走依靠中心城市的路子;三是带有探索试验性质。这是改革开放后国内构建的第一个跨省市的综合性经济区,也是第一个具有跨区域特点的区域治理空间[①]。上海经济区规划办公室在成立后,一方面,开展完成了包括《上海经济区发展战略规划》《上海经济区钢铁工业中长期发展纲要》《沪宁杭地区国土规划纲要》《上海经济区城镇布局规划》《太湖流域地表水污染综合防治规划》《上海经济区港口中长期规划》等许多基础性工程规划;另一方面,建立了经济区省市长会议制度并召开了两次会议,对协调上海大都市圈城际关系、促进区域跨省区合作发挥了一定的作用,取得了一定成效,乃至于与上海经济区接壤的省份安徽、江西和福建先后主动申请加入,形成了一个更大规模的跨省经济区空间。但由于改革开放后国家大力度的分权化改革,促发了地方政府追求经济利益的内在冲动,地方保护主义开始盛行,"行政区经济"[②]大行其道,上海经济区办公室有限的协调能力和权威性遭到地方政府的质疑和

---

　　① 唐亚林:《从同质化竞争到多样化互补与共荣:泛长三角时代区域治理的理论与实践》,《学术界》2014年第5期。

　　② 舒庆、刘君德:《一种奇异的区域经济现象——行政区经济》,《战略与管理》1994年第5期。

抵制,最终于 1988 年国家主动撤销了经济区办公室这个跨区域治理机构。

四、新时代的上海大都市圈

改革开放至 20 世纪 90 年代初,上海大都市圈的城市群体进行了发展的多元探索。20 世纪八九十年代,江苏相关城市在内生型乡镇集体经济带动下形成了"苏南模式"。宁波等浙江城市则形成了外向型的"港口经济"。相对而言,20 世纪 80 年,上海处于经济结构调整的发展过渡期,但与周边城市间的经济互动仍以多种形式得以逐步推进。

20 世纪 90 年代后,上海大都市圈普遍形成了以外向型经济为核心的经济体系。1992 年浦东新区开发开放后,上海的对外开放进入快速发展阶段。周边城市在充分利用上海开放功能快速提升机遇的基础上,也进入开放经济与产业创新发展的新阶段。同时,更好发挥浦东开发开放的龙头带动效应,推动整个长三角区域的整体联动发展,成为国家区域协调发展的重大战略选择,于是上海大都市圈的跨界协调机制与融合发展开始进入新的发展阶段。1992 年,由上海、无锡、宁波、舟山、苏州、扬州、杭州、绍兴、南京、南通、常州、湖州、嘉兴、镇江 14 个市经协委(办)发起、组织并成立了长江三角洲 14 城市协作办(委)主任联席会,其目的在于推动长江三角洲地区经济联合与协作以及区域治理进程的深化。1997 年,由上述 14 个城市的市政府和新成立的泰州市共 15 个城市,重新组建了一个新型跨区域经济协调组织——长江三角洲城市经济协调会,开始探索城际专题合作的新治理模式。2001 年中国"入世"后,上海大都市圈进一步成为中国开放型经济快速发展的重要区域,区域内各城市与全球价值链的对接程度不断加深,逐渐展现出"全球城市-区域"的特性。为此,长江三角洲城市经济协调会于 2003 年 8 月接受浙江台州成为正式成员,2010 年又吸收了盐城、淮安、金华、衢州等城市。2010 年末,包含上海大都市圈 9 个成员城市在内的长江三角洲城市经济协调会从原来的 16 个城市扩大到22个城市,从传统的以沪苏浙为主的狭义长三角开始走向覆盖沪苏浙皖在内的泛长三角治理空间拓展。长江三角洲城市经济协调会通过召开年度会议的形式,不断助推上海大都市圈成员城市之间在基础设施、产业发展、公共服务、环境保护等领域的跨界协调发展,取得了较为显著的成效。2013年以来,上海自贸区、舟山自贸区等新型开放平台的建设和发展,标志着上海大都市圈的对外开放与经济发展进入了新发展阶段。长江三角洲城市经济协调会不断扩容,其成员城市已经覆盖长三角地区的41个城市,总共召开了21次协调会议,成为包括上海大都市圈成员在内的长三角区域重要的城际协调治理主体之一。

进入21世纪第二个10年,上海大都市圈在中国国土经济空间中的地位不断凸显,各层次规划中对其的功能定位与战略作用日益明确。根据2010年发布的《全国主体功能区规划》,上海大都市圈位于全国"两横三纵"城市化战略格局中沿海通道纵轴和沿长江通道横轴的交汇处,属于国家的优化开发区域,以城市化地区为主要支撑。其相关总体功能定位与要求包括:担当长江流域对外开放的门户,优化提升上海核心城市的功能,增强辐射带动长江三角洲其他地区、长江流域和全国发展的能力。根据2014年发布的《国家新型城镇化规划(2014—2020年)》,上海大都市圈需要配合建设世界级城市群的目标,在制度创新、科技进步、产业升级、绿色发展等方面走在全国前列,加快形成国际竞争新优势,在更高层次参与国际合作和竞争,发挥其对全国经济社会发展的重要支撑和引领作用。2017年《国务院关于上海城市总体规划的批复》首次提出"充分发挥上海中心城市作用,加强与周边城市的分工协作,构建上海大都市圈,打造具有全球影响力的世界级城市群"。2018年发布的《中共中央、国务院关于建立更加有效的区域协调发展新机制的意见》,明确提出"以上海为中心引领长三角城市群发展,带动长江经济带发展"的要求,为上海大都市圈发挥城市群引领作用、带动长江经济带发展的核心功能目标提出了指引。该意见提出的相关方向包括:促进城乡区域间市场、劳动力、土地、科技等要素自由流动。进一步完善区域合作工作机制,加强城市群内部城市间产业分工、基础设施、公共服务、环境治理、对外开放、改革创新等协调联动,加快构建大中小城市和小城镇协调发展的城镇化格局。积极探索建立城市群协调治理模式,鼓励成立多种形式的城市联盟。完善区域交易平台和制度。加强省际交界地区城市间交流合作,建立健全跨省城市政府间联席会议制度,完善省际会商机制。健全生态等区际利益补偿机制。推动城乡区域间基本公共服务衔接与均等化。①2019 年中共中央、国务院印发的《长江三角洲区域一体化发展规划纲要》提出,推动上海与近沪区域及苏锡常都市圈联动发展,构建上海大都市圈。2021 年 3 月国务院发布的《中华人民共和国国民经济和社会发展第十四个五年规划和 2035 年远景目标纲要》指出,依托辐射带动能力较强的中心城市,提高 1 小时通勤圈协同发展水平,培育发展一批同城化程度高的现代化都市圈。国家和地方的这些战略性规划方案为建构并推动落实上海大都市圈发展提供了坚实的制度基础。

2022 年,9 月 28 日,上海、江苏、浙江三地政府联合发布《上海大都市圈空间协同规划》(以下简称《规划》,于 2019 年 10 月 17 日启动编制,前后历时 2 年 5 个月)。《规划》明确"1+8"的都市圈空间范围包括上海、苏州、无锡、常州、南通、宁波、湖州、嘉兴、舟山在内的"1+8"市域行政区域。这是全国首个跨区域、协商性的国土空间规划,目标直指"打造具有全球影响力的世界级城市群",以求在现代化都市圈建设上率先展开探索,在完善城市化发展战略上率先走出新路,为长三角更高质量一体化发展创造新的鲜活经验,进一步汇聚资源、整合优势、联合起来,打造世界级都市圈,提升整体竞争力,赢得发展主动权。综观当今的上海大都市圈,以占长三角约 1/6 的陆域面积,承载了长三角 1/3 的人口和约 1/2 的经济总量,具有如下几个显著的发展现状及特点:

其一,属于全球空间范围最大的跨省市都市圈,地域面积很"大"。

---

① 中华人民共和国中央人民政府:《中共中央 国务院关于建立更加有效的区域协调发展新机制的意见》,http://www.gov.cn/zhengce/2018-11/29/content_5344537.htm, 2018 年 11 月 29 日。

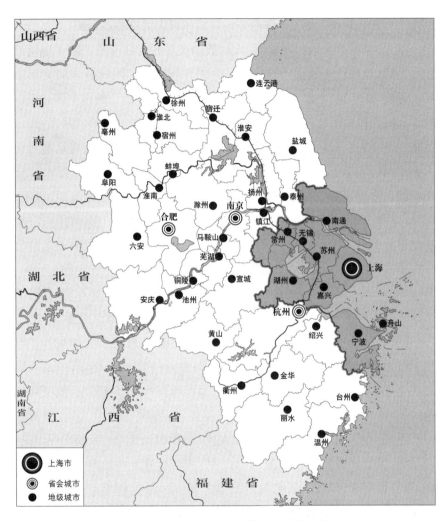

图 1.1 上海大都市圈空间协同规划空间范围

根据《规划》,上海大都市圈陆域总面积达 5.6 万平方千米,海域面积达 4.7 万平方千米,总面积达 10.3 万平方千米,远超毗邻的南京都市圈 (6.6 万平方千米)和重庆都市圈(3.5 万平方千米)。即便放眼世界,与纽约大都市圈(由纽约、康涅狄格、新泽西 3 州 31 个郡县组成,3.37 万平方千米)、伦敦(4.5 万平方千米)、巴黎大区(1.2 万平方千米)、东京都市圈(含东京、神奈川、千叶、埼玉"一都三县",3.69 万平方千米)相比,上海大都市圈面积也足够"大",是国内外地域面积最大的跨省都市圈。

其二,具有庞大人口规模,是人口数量最多的大都市圈。除了地域面积外,从人口规模上看,上海大都市圈也是全球人口数量最多的大都市圈。截至 2020 年,上海大都市圈总人口大约 7 800 万人,约占全国总人口的 5.5%,人口数量比英国(6 732.7 万人)还多,也相当于一个德国的人口数量(8 312.9 万人)。与同类都市圈相比,上海大都市圈的人口远超纽约大都市圈(人口约 2 370 万人)和东京大都市圈(人口约 3 600 万人),分别是纽约大都市圈、东京大都市圈人口的 3.3 倍和 2.2 倍。《规划》显示,对比 2000—2010 年、2011—2020 年两个时期,上海大都市圈常住人口年均增量分别为 151 万人和 95.7 万人。与此同时,上海大都市圈的老龄化率在国内来看相对较高。上海大都市圈的老龄化率从 2015 年的 12.6%,升至 2020 年的 15.4%,而国内粤港澳大湾区则从 7.5% 降至 6.5%。同期京津冀城市群老龄化率为 10.3% 和 13.6%,也比上海大都市圈更"年轻"。

其三,从经济规模来看,上海大都市圈具有很大的经济体量。2021年上海大都市圈 9 市地区生产总值(GDP)总计约 12.6 万亿元,约占全国经济比重 11%。从国际比较看,上海大都市圈 GDP 甚至超过了俄罗斯和韩国的经济体量。按照当年的平均汇率折算,韩国 2021 年 GDP 约折合1.79 万亿美元,相当于 11.5 万亿元人民币;俄罗斯 2021 年 GDP 为 1.78万亿美元,与韩国相当。上海大都市圈 GDP 总量虽然已逼近纽约都市圈、东京都市圈等"国际顶流",但上海大都市圈人均 GDP 仍与国际大都市圈有不小差距,仅为纽约都市圈、旧金山湾、东京首都圈的 22.6%、17.5%及 47.9%。从国内来看,上海大都市圈 GDP 远超南京都市圈(4.6 万亿元)、重庆都市圈(2.23 万亿元)、成都都市圈(2.5 万亿元),以及长株潭都市圈、福州都市圈、西安都市圈(均不到 2 万亿元)。在上海大都市圈 9 个城市中,有 5 个城市 GDP 突破万亿元,上海 GDP 更是突破 4 万亿元。不仅如此,上海和苏州还是全国第一、第三大工业城市;无锡则被誉为半导体界的"一线城市",它和上海、苏州一道,奠定了上海大都市圈全国集成电路产业高地的地位;常州是重要的新能源汽车基地;南通的建筑业稳居全国地级市首位；宁波专精特新"小巨人"企业数量仅次于北上深三大一线城市①。

　　其四，9个城市有着各自的特色、各自的发展路径及发展亮点。上海作为大都市圈的引领城市，承载着周边城市协同发展的共同期待，也肩负着推动上海大都市圈高质量、一体化发展的使命；苏州经济体量仅次于上海，且园区经济与企业创新十分活跃，整体处于创新突破期；无锡是创新基础深厚的滨湖城市，且特色文旅资源密集分布；常州既有"小尖强"的民营制造氛围，也有"接地气"的创新模式，共同推进了近年来的快速发展；南通与上海一江之隔，近年来在县域经济带动下GDP跨入万亿俱乐部；嘉兴毗邻沪杭，既是沪杭联动的重要节点，也是G60科创走廊从上海进入浙江的"第一站"；湖州作为两山理论的发源地，在"绿水青山就是金山银山"的指导下探索特色发展的道路；宁波港通天下、书藏古今，既是以港文明的城市，也是民营经济的典范；舟山虽然在都市圈中陆域面积最小，但拥有最大的蓝色国土，同时是国家重大战略的投放要地。面向未来，应立足上海大都市圈整体层面与各地特色，探索推动区域高质量、高标准、高水平发展的路径。

　　2022年10月16日中共二十大报告在"促进区域协调发展"章节提出，以城市群、都市圈为依托构建大中小城市协调发展格局，推进以县城为重要载体的城镇化建设。坚持人民城市人民建、人民城市为人民，提高城市规划、建设、治理水平，加快转变超大特大城市发展方式，实施城市更新行动，加强城市基础设施建设，打造宜居、韧性、智慧城市。作为国家战略空间的上海大都市圈，相信在中国共产党的坚强领导下，以《规划》为引领，集聚并发挥经济规模、人口规模、创新能力、产业集聚等各方优势，努力打造把握新发展阶段、贯彻新发展理念、构建新发展格局的排头兵、引领区、示范区，必将在全球经济竞争和中国特色社会主义现代化国家建设中发挥更大的功能和作用。

---

　　①　孙晓波：《上海大都市圈，为什么"大"？》，《中国新闻周刊》2022年10月10日。

M2　大巴黎都市区的蝶变重生

在两千多年的历史中,巴黎的地域边界、行政边界、发展边界都在不断变化,一定程度上模糊了巴黎作为城市的概念边界,小巴黎、大巴黎、法兰西岛……到底哪一个是巴黎? 这也使得巴黎的身份,相对于地区、国家乃至在欧洲和国际上,处于不断地塑造和重塑的过程中。巴黎经过漫长的历史时期确立了其首都地位,成为具有统治意义的国家中心,又在现代化的过程中经历了"去中心化"和国土空间平衡发展,以及当代大都市化的建设历程。如今,在法国政府针对国土空间发展布局的调整以及国际环境变化的双重作用下,巴黎在新世纪的大都市化建设中将以全新的角色回应从本地区到全球尺度的新挑战和新期待。

一、从渔民定居点到奥斯曼城市:历史上的巴黎

在塞纳河流经的巴黎这片区域上,早在公元前就形成了聚居的村落。最早定居于此的是凯尔特的一个渔民部落,可追溯到公元前 259 年。这里的先民们叫做巴黎希人(Parissi),成为日后巴黎(Paris)这座享誉世界的城市名字的来源。公元前 52 年,当地被罗马帝国占领。在被罗马化的

过程中,当地逐渐形成一座真正的城市并成为罗马帝国商业轴线上的一个重要节点。如今的意大利广场(Place d'Italie)就是当时巴黎经由里昂通往罗马的交通轴线的起点。随着罗马帝国的瓦解、法兰克人的统治、诺曼人的入侵,在长期的历史进程中巴黎的身份飘摇,于 987 年在卡佩王朝的统治下才重新回到法国人手中。直到 12 世纪,巴黎才最终确立了其首都的身份,逐渐发展壮大,成为法国的政治、经济和文化中心。

首都巴黎成为大型都市的步伐慢慢开启。12 世纪末(腓力二世统治时期),巴黎开始建设城市的防御工事,卢浮宫的建设正开始于此,在当时作为城墙中的堡垒。到了 13 世纪,巴黎已经成为基督教欧洲最大的城市,拥有 8 万人口。城市空间格局分明:中间的城岛(Ile de la Cité,又译岱西岛)集中了掌管政治和宗教的行政和权力机构;塞纳河右岸是贸易和手工业区,沿用至今的中央市场(Les Halls)业已形成;左岸是最早依托宗教孕育的大学,知识分子聚集,巴黎的教育和学术影响从这里诞生。14 世纪至 15 世纪末,巴黎历经饥荒、瘟疫、英法百年战争等种种动荡。在 16 世纪上半叶,文艺复兴的新风影响了这座城市的建筑和规划,凭借其大学区的积淀,巴黎成为全法国科学、艺术和建筑中心,重新巩固了其首都地位。

17 世纪初(亨利四世时期),城市开始扩建,突破了古城墙,改造了一些道路、桥梁、供水等基础设施,并建设了诸多现如今成为巴黎象征的建筑及城市景观:卢浮宫(改扩建)、杜乐丽花园、卢森堡公园、皇宫、孚日广场等,以及今天正对卢浮宫一直延伸到拉德芳斯以西的城市轴线。17 世纪下半叶(路易十四时期),巴黎的发展再次突破城市边界,城墙变成林荫大道,城市从封闭走向开放。这为城市进入现代化奠定了基础。城市的建设不再只围绕大型建筑,亲人尺度的街道和广场等公共空间得到迅速发展。此时的巴黎,人口已达到 50 万人。尽管城市快速发展,相对于今天,此时的巴黎仍然聚集在中心,不足今天巴黎市面积的七分之一。

经历了法国大革命以及拿破仑战争和波旁王朝复辟等跌宕起伏的政局,在 19 世纪上半叶工业革命的作用下,巴黎人口急剧增长,到 19 世纪中期,巴黎人口已超过 100 万人。但城市结构仍然停留在中世纪,过度拥挤、卫生条件差、流行病肆虐。于是,在 19 世纪下半叶(拿破仑三世时期)掀起了城市现代化的大型改造工程,奥斯曼的名字也因此载入历史。

对巴黎的奥斯曼时期大改造所带来的矛盾性成果,至今仍褒贬不一:中世纪城市的空间格局和建筑风格遭到严重破坏,却开启了城市的现代化进程,塑造了巴黎延续至今的整体城市风貌。这次改造突出了四个特征:第一,以道路为主的基础设施建设,道路的数量和宽度都翻了一番,并建成以东西和南北两条交通轴线支撑的道路网络。第二,结合道路的改造和建设,增加广场、林荫道、步行道,并结合公园、花园和森林,提升城市公共空间品质、增加绿化空间。第三,通过打通道路、引入绿化使空气流通,建设供水和排水设施,改善城市卫生和公共健康状况。第四,大力建设住宅,依靠房地产支撑经济的同时,通过住房新政(保障房、福利房、减税)缓解巴黎的住房紧张问题。整个过程中,在规划上严格控制建筑高度和建筑风格,形成了延续至今的城市风貌。

二、巴黎市与法兰西岛大区:20 世纪从城市到区域的发展变迁

自奥斯曼时期以后,巴黎开始了真正的现代城市规划实践。由于城市大规模快速蔓延,沿着传统城市增长的方式,已不能满足巴黎的发展,从 19 世纪末到 20 世纪初,开始了从城市尺度过渡到区域尺度的规划探索。在 20 世纪 20 年代住房开发浪潮之后,为了对抗城市蔓延和郊区无序增长,出现了最早的以巴黎为中心的区域规模的规划。首先是普罗斯特规划(Plan Prost, 1934),即以巴黎圣母院为圆心、半径 35 千米范围的区域规划(见图 2.1)。在此基础上,《巴黎地区国土整治计划》(*Plan d'aménagement de la région parisienne*)于 1939 年第一次获得批准,并于 1941 年生效,随后于 1956 年进行了修订。由于当时的巴黎作为区域尚

没有明确的边界,因此,其特征是将巴黎规划成一个"完美"的中心扩展型城市,通过降低中心区的密度来增加郊区的过低密度,以减轻巴黎市中心的拥挤,同时"美化"郊区。环绕巴黎形成放射型和环状相结合的公路网络,与现有的公园和森林系统相联系,在距市中心 30—45 千米处建设环形高速公路,用以刻画城市地区的发展边界。这个阶段的规划为了控制城市的无序蔓延而以放射型交通为导向,通过扩大城市的边界,以期能够在更大的范围(区域)进行空间的重新组织和构建。其结果,我们今天已经知道,反而加快了城市扩张的速度。

图 2.1　巴黎地区的普罗斯特规划(1934 年)

注:ⓒ openedition.org。

20 世纪 60 年代初《巴黎地区国土整治和总体组织计划》(*Plan d'aménagement et d'organisation générale de la région parisienne*)①继续着此前的主要目标:限制城市扩张,同时增加交通基础设施(建设了第一个与高速公路相连的机场,即于 1961 年落成的奥利机场)。该规划特别强调了,控制人口爆炸,分散就业和缓解市中心拥堵;通过建立"城市化边界"来限制城市的扩张;调整人口的密度分布,从而改善居住条件。同样,其结果是矛盾的,带来了房地产业和城市蔓延的爆炸式增长时期。

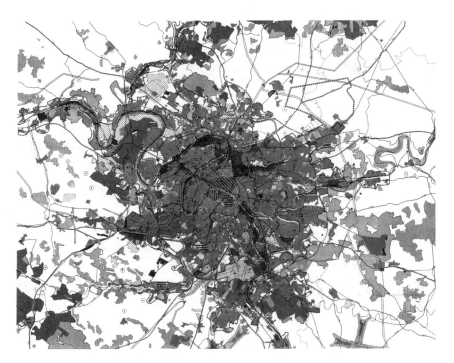

图 2.2 《巴黎地区国土整治和总体组织计划》(1960 年)

注:ⓒ IAU ÎdF。

尽管如此,20 世纪 60 年代中期的两项决策为巴黎地区的后续发展奠定了基础。其一,法国政府于 1963 年设立 8 个平衡大都市(métropole

---

① 由戴高乐将军于 1958 年发起,并于 1960 年获批。

d'équilibre),其目的是抑制巴黎的中心聚集力量,平衡巴黎与"外省"的关系,这恰恰成为 21 世纪法国大都市化发展的奠基石。其二,1964 年,巴黎大区政府成立,区域尺度的行政边界被确定下来。经过半个世纪,巴黎从过去的城市概念跃迁到新的区域概念。

紧接着,1965 年,为巴黎"大区"制定了第一个总体规划《巴黎大区国土整治和城市规划指导纲要》,关于区域发展有了明确的定义、范围和组织框架。但该规划仍突出了首都巴黎的中心化地位,与当时已经在推行的权力下放和国土空间平衡的国家思路相悖。1965 年的规划终未在国

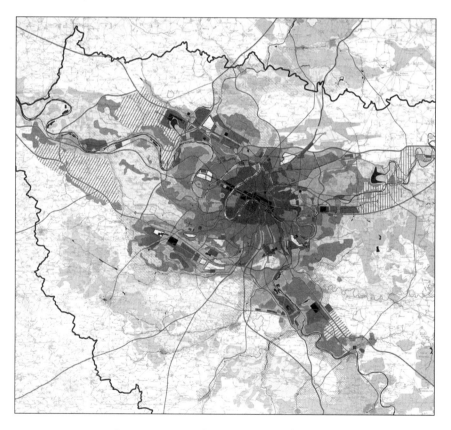

图 2.3 《巴黎大区国土整治和城市规划指导纲要》(1965 年)

注:ⒸIAU ÎdF。

家层面获得批准,但作为第一个巴黎的区域总体规划,改变了城市发展的构架、模式和方向。它提出有意识地适应强劲的人口和经济增长,以便在全球范围内具有竞争力;建设新城,与现有的城市聚居区保持连续性(因此,城市不再是单一中心,开始了多中心模式);在交通方面,通过创建"区域快线网络"(RER,简称"区域快铁"),为新基础设施的建设和郊区铁路线的相互连通提供条件。

　　基于1965年制定的规划目标,1976年,新的区域总规划《法兰西岛大区国土整治和城市规划指导纲要》(Schéma directeur d'aménagement et d'urbanisme de la région Île-de-France)获得批准,第一次使用了法兰西岛(大区),以区分巴黎(市),巴黎在区域尺度上拥有了自己的名字。1973年

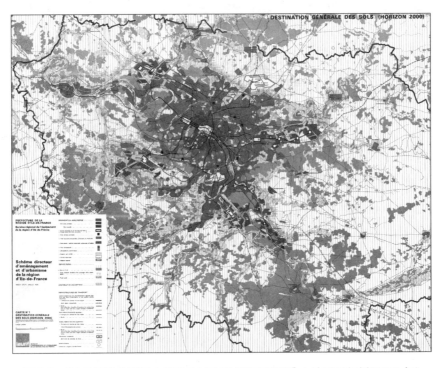

图2.4 《法兰西岛大区国土整治和城市规划指导纲要》土地利用规划(1976年)
　　注:© DRIEA ÎLE-DE-FRANCE。

的石油危机以及由此造成的人口和经济增长的缩减导致国家采取了比
1965年方案更为谨慎的态度,新城镇的数量从上一轮规划中提出的8个
减少到5个。随着新城的创建和相应基础设施的建设,郊区中心被重组,
1965年规划中提出的多中心模式在原则上被确立。该规划中提出新的
限制性措施:将扩张面积减少数千公顷,到2000年将居民人口减少到
1 200万人,保护非建设区域空间。最后一点反映出对环境问题的关注,
在总体规划上已经开始采取相关限制性措施。

　　经过了近一个世纪,巴黎完成了从城市向区域化发展的变迁,开始为
新世纪的地域发展做着准备。在20世纪末,经过几次修改和几年的激烈
辩论,1976年的总体规划于1994年更新为《法兰西岛大区总体规划
(1994—2015)》(*Schéma directeur de la région d'Ile-de-France, 1994*)。新

图2.5　《法兰西岛大区总体规划(1994—2015)》土地利用规划(1994年)

注:© DRIEA ÎLE-DE-FRANCE。

规划的时间线跨入新世纪,具有了新特征:开始将规划的注意力从土地空间的开发利用转向自然环境和遗产的保护;将空间划分为城市化空间、农业空间和自然空间;在经济一体化的国际背景下,开始思考首都地区重新参与国际竞争。保护环境逐渐成为一个更重要的主题,因此在规划的主要目标中强调保护农村和自然区域的必要性。

三、法兰西岛2030:21世纪区域规划的新视野

法兰西岛大区从2004年开始了对1994年规划的修订工作。在此时的国家治理和社会发展背景下,规划修订结合了自下而上的新办法,并与重大的全球危机相关联。2008年修订完成《法兰西岛大区总体规划(2008)》(*Schéma directeur de la région Ile-de-France, 2008*),旨在通过公共交通构建区域发展,以追求社会和国土空间平等并保护自然区域(见图2.6)。其中特别强调了在国际背景下的城市责任与城市影响:与气候变化和能源危机相关的问题,以及关于全球化和大都市化的发展问题。在这样的背景下,一方面,首次在规划中明确提出城市密度的重要性,需要通过适当的交通系统和保护农业及自然空间来实现更密集的城市发展。提高城市核心区的密度,这与20世纪的疏解中心城区密度的规划目标截然相反。另一方面,在规划过程中积极讨论巴黎大都市化的问题,使巴黎能够在新的全球化环境中实现自我重塑。然而,在大区层面上获得通过的2008年修订版总体规划,在国家层面并未生效。但在此基础上,于2013年制定的《法兰西岛大区2030总体规划(2013—2030)》(*Schéma directeur de la région Ile-de-France, 2013*,简称"法兰西岛2030")最终生效(见图2.7)。它符合国家与地区的共同利益,规划过程中也得到了大量利益相关方(大区议员、开发商、专家和民众)的广泛参与。

法兰西岛大区面积1.2万平方千米,目前有人口1 226万,平均密度

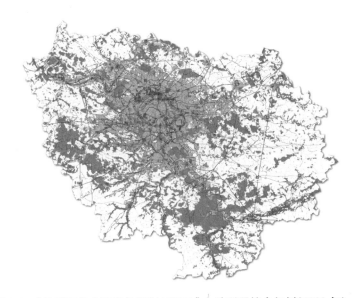

图2.6 《法兰西岛大区总体规划(2008)》土地利用综合规划(2008年)

注:ⓒ IAU ÎdF。

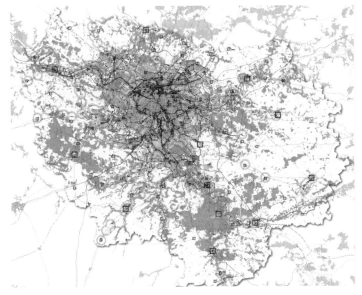

图2.7 《法兰西岛大区2030总体规划》土地利用综合规划(2013年)

注:ⓒ IAU ÎdF。

为 1 021 人/平方千米①,共包括 8 个省,覆盖 1 281 个市镇②。大区以全
法国 2% 的国土面积容纳了 18% 的人口,贡献近 30% 的国民生产总值。
其中巴黎市作为一个省级行政单元,人口 217 万,面积不足大区的百分之
一,仅 105 平方千米,人口密度超过 2 万人/平方千米,因此是法兰西岛大
区当之无愧的核心区域。

目前生效的这版大区总体规划制定了到 2030 年的探索性设想,其规
划文本主要包含两个部分。其一,"区域空间规划"是总体规划中的核心
部分,致力于两个目标:改善法兰西岛大区居民的日常生活;巩固大区的
大都市功能。规划成果展示出 2030 年"紧凑、多极和绿色大都市地区"的
区域愿景。其二,"规范性文本"是对规划管理条例指导方针的诠释,也
是将区域空间规划转化为地方城市规划文件的工具,以确保区域空间规
划的落实。

该规划识别出法兰西岛地区的三个主要挑战③:

第一,克服土地空间和社会空间的分隔和不平等,重新平衡该地区的
东、西部,追求"在高密度核心区和整个区域范围内"的分配平等,从而实
现"更具凝聚力的法兰西岛"。

第二,环境问题和能源转型。改变城市发展模式"以预防环境变化
(的负面影响)"是该规划的核心,旨在减少该地区的脆弱性,防止农业和
自然空间的消耗,并确保由"绿色和蓝色网络"组成的自然生态系统的运
作。因此,总体规划中补充了对城市密集化限度的环境评估,特别是在能
源、食品和健康风险方面。

第三,在国家、欧洲和国际层面的经济竞争力。其目的是增加法兰西
岛的吸引力,通过启动经济转型向更可持续的发展模式过渡,实现经济多

---

① 根据法国国家统计局(Insee)2019 年数据。

② 法国的行政区划分为三级:大区(région)、省(département)和市镇(commune)。

③ IAU ÎdF, "Île-de-France 2030: défis, projet spatial régional et objectifs", 2013-12-27,
https://www.institutparisregion.fr/fileadmin/DataStorage/SavoirFaire/NosTravaux/planification/sdrif/
Fasc-2.pdf.

样化并鼓励创新。

　　为了回应上述挑战,总体规划的组织围绕三个支柱:(1)连接和结构,(2)极(核)化和平衡,(3)保护和增强。它们分别对应于相应的领域:交通运输和土地结构领域,规划、住房、经济发展和就业领域,环境领域。三个支柱将成为各领域的目标,进而转化为构建和影响区域发展运行的主要系统(见图2.8)。具体解读如下:

1. 连接和结构:网络和基础设施规划

　　到2030年,建设一个更加多样化更加完善的交通网络,服务于从国际到本地区的各个尺度。一方面,通过机场枢纽、高铁站和港口基础设施的对外连接,提升巴黎地区的"门户"系统功能。特别强调,通过大幅改善内河和港口基础设施,促进多模式(航空-铁路-航运-公路)来优化物

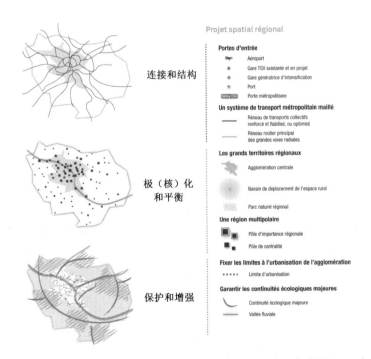

图2.8　《法兰西岛大区2030总体规划》区域空间规划的三个支柱(2013年)

注:© IAU ÎdF。

流运营。另一方面,为本地居民提供更好的连接与可达性。通过促进创新机动性来优先考虑公共交通。改造区域快线网络(RER),建设新的大巴黎快线(GPE),延伸部分地铁线路,增设与有轨电车-火车(tram-train)联运线路相接的公交专用线(TCSP)。为了减少近郊小汽车的使用,加强各个中心市镇周边公共交通的供应,根据生活和出行范围提供一个合适的系统,将短距离的新型公共汽车服务和积极出行模式与区域的结构化网络相连。总的说来,交通网络的可靠性和效率基于两个原则:多式联运(能够使用几种交通模式连续地完同一次出行)和多模式(能够选择不同出行方式去完成同一次出行)。

2. 极(核)化和平衡:规划和管理城市密度

这是区域土地空间发展与整治的方向和目标。在等级化多中心的框架下,法兰西岛地区的土地空间组织基于生活区(居民在其中进行与工作、获取服务和设施、休闲活动等相关的绝大多数出行的一个土地空间单元)和城市极核(连接现有的或规划中的公共交通节点:车站、区域快铁站、新大巴黎快线车站)。后者将促进城市集约化的建设,从而增加住房密度和功能空间,增加就业和经济活动,因此将构成发展的主要框架。规划目标是这些极核地区的密度增加15%。城市密度将结合质量和数量从三方面进行考虑:住房密度、就业密度、社会密度。它们之间相互关联并与建成区的整体密度相结合。

采用多极化发展也是宏观目标的一部分,即提高已建成空间的密度,建设"日益紧凑的聚居区,反对城市扩张,以期制定保护和整合自然(空间)的政策,能够控制城市和人口的增长以及空间的使用"。

3. 保护和增强:生态系统、蓝网绿网和生态走廊

在国家总体方针的指导框架下,大区规划目标是维护和恢复河谷周围区域的生态连续性和环境的平衡,以阻止生物多样性的丧失,同时关注人类活动的积极作用以限制人为原因制造的环境负担,力图在区域和城市范围内转变城市与自然之间的关系。具体措施可以归纳为三方面内容:

其一,通过生态走廊的串联和蓝绿网的构建,形成一个有机系统。公共花园和公园通过绿色的线性空间连接在一起形成网络,成为对城市产生积极影响的具有复合功能的工具:不仅美化了城市景观,有利于身心健康,还降低了城市面对多种风险(噪声污染、空气和水污染、因土壤人工化造成的洪水灾害等)的脆弱性。

其二,控制并减少土地人工化对空间和环境的损害。严格限制城市蔓延,以农业、森林和自然区域为城市确定"无形"的边界。限制主要交通基础设施对空间的割裂,控制新基础设施的选址,并改善现有基础设施的环境渗透性。

其三,通过促进能源转型实现资源可持续管理。减少温室气体,降低主要来自与交通相关的排放;探索资源节约型建筑空间,通过建筑物的绿化、城市农业等方法,尽可能对抗城市热岛效应;高度重视水资源和本地区材料供应的可持续管理。

因此,从空间结构上,法兰西岛生态系统围绕四类空间实体进行组织:其一,大都市中心的绿色城市肌理——确保自然渗透到城市中并提供与绿化带和农村地区衔接的连续性;其二,绿化带——巴黎周围半径 10 至 30 千米的绿环;其三,农村地区——农业综合体、大型公共森林、可开采的主要矿床、主要自然资源、现有的区域自然公园和筹备中的两个大型公园;其四,连接前三个组成部分的河谷和绿道。其中,城郊绿化带,对生活在法兰西岛密度最高的建成区中的居民发挥着关键作用。

另外,总体规划中创新性提出了一项战略地理规划,即大都市利益共同区(Territoire d'Intérêt métropolitain,下文简称"利益共同区")。这是通过战略地理区块的识别,确定需要在本地和大区的行动上保持特殊一致性的区域。由此对法兰西岛地区进行重新组织,以更有针对性集中资源,确保区域空间规划指导方针的应用并使总体规划得到有效实施。这是一种区域内思考空间协同发展的新模式,旨在鼓励利益共同区的主要参与者分享共同的地区愿景和规划问题,同时有利于重新平衡整个地区中具有结构性作用的领域。规划中共确定了 14 个利益共同区(见图 2.9),并明确了每个利益共同区的总体发展目标,针对特定领域指出优选操作。每个利益共同区内重大项目的操作或执行均以与大区政府签订的合同或协议文件为基础,这些文件要求执行这些项目的合作伙伴做出承诺,并使大区不再为这些项目的实施提供财政资助。

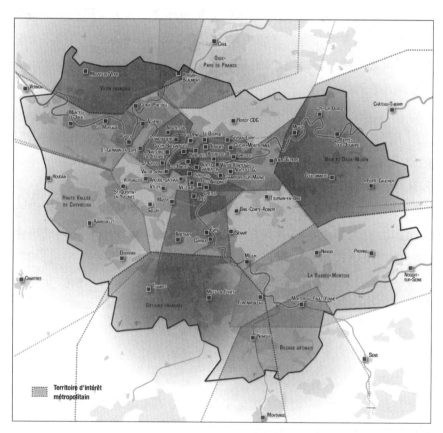

图 2.9 《法兰西岛大区 2030 总体规划》战略地理规划:大都市利益共同区

注:© IAU ÎdF。

最后,在区域空间规划的框架内,还专门针对区域的"心脏",即巴黎市域范围,制作了放大方案(见图 2.10)。这是一个连续的、密集的城市化空间,其人口持续更新、空间持续网络化且集约化,因此必须发挥门户作用。同时,这也表现出,区域作为整体的综合愿景仍受到巨大挑战,中心与边缘之间的二元化以及地区间的竞争并没有结束。巴黎作为整个区域的中心还需要承担区域内的再分配,以促进城市、城郊和农村空间之间以及不同规模城市极核之间的"凝聚力"。巴黎大都市的建立将是对这个问题的回应。

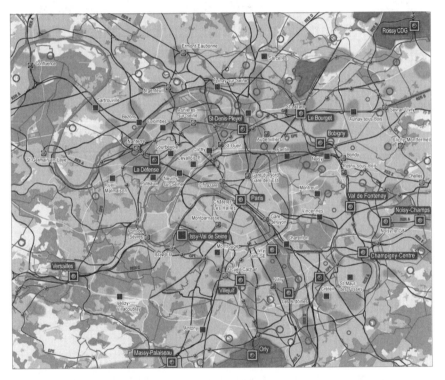

图 2.10　《法兰西岛大区 2030 总体规划》大都市核心区空间规划

注:© IAU ÎdF。

四、大巴黎大都市:面向未来的大都市化新定位

进入新世纪,关于巴黎的大都市化建设成为探讨的焦点。一方面,需

要重新平衡巴黎与法兰西岛其他地区之间的空间关系;另一方面,在新的国际环境背景下,巴黎的全球竞争力受到挑战,巴黎需要新的身份参与国际竞争。2001 年,巴黎开始了创建大都市的实质性行动,开启"大都市会议"(Conférence métropolitaine)机制,与法兰西岛的其他地区建立合作,从与或远或近的"邻居"(省、市镇)建立联系开始。在国家层面,于 2007 年联合地方政府展开"大巴黎/大挑战"国际咨询,进而于 2010 年成立了大巴黎国际工作组(AIGP),并于 2013 年组织大型民意调查。2014 年的大都市法①提出建立巴黎大都市,2015 年经法律批准。2016 年 1 月 1 日巴黎大都市正式面世,全称"大巴黎大都市(或巴黎大都市)"(Métropole du Grand Paris),简称"大巴黎"(Grand Paris)。

这个大都市是由巴黎市和周围省市共同组成的一个新型市镇联合体(intercommunauté)②,其组织和管理由市际合作公共机构(EPCI,适合于所有市镇联合体)负责。巴黎大都市汇集了包括巴黎在内的 131 个市镇,面积覆盖 814 平方千米,是巴黎市面积的 8 倍,人口超过 700 万。其目标是在城市规划、住宅、应急避难、应对气候变化和经济发展等重要领域采取共同行动,将效率、公平和影响力结合起来。在巴黎大都市范围内,各市镇之间相互靠近、相互联合,以更加均质和公平的方式采取行动,消除某些区域的空间隔阂,发展可持续城市的社会和经济模式。同时,为增强地区综合影响力,巴黎将以明确的大都市身份重新跻身于世界级大都市行列。

巴黎大都市的建立成为巴黎发展的新契机,带来新的城市规划模式和新的治理机制的建立。它不是一个行政区级别,而是一个联合治理、协同发展的合作区域。在长达半个世纪之久,巴黎(及其近郊)是法国具有

---

① 全称为《关于国土空间公共行动现代化和大都市确认法》(Loi MAPTAM),简称大都市法。
② 市镇联合体是法国市镇之间的一种合作形式,旨在联合治理公共设施或服务(垃圾收集、公共卫生、城市交通等),联合开发超出单一市镇范围的经济发展、国土整治或城市规划项目。法国的大都市事实上就是一种特殊的市镇联合体。

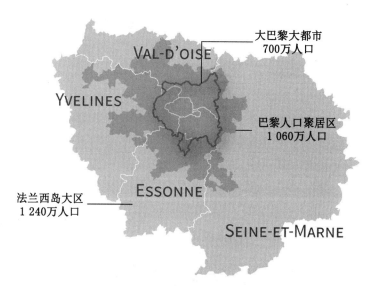

图 2.11 巴黎大都市与法兰西岛大区

注:© APUR。

表 2.1 巴黎大都市人口变化

1968 年	1975 年	1982 年	1990 年	1999 年	2008 年	2013 年	2019 年
6 627 331	6 506 587	6 296 648	6 355 983	6 383 877	6 814 588	6 968 051	7 094 649

注:数据采集依据 2022 年 1 月 1 日的大都市边界。

相应规模的地区唯一没有形成市镇联合体的区域。从 20 世纪 60 年代为了平衡巴黎的力量而建立的"平衡大都市",到 2010 年以法律形式在国家层面给出的大都市定义,再到 2014 年为加强大都市建设出台的大都市法,使大都市成为新世纪法国国土空间改革的一个重要环节,至此,巴黎大都市才拥有了概念明确的身份。

作为首都地区,巴黎始终具有特殊性,大都市为其提供了加强地区平衡和影响力的新角色。其干预行动主要涉及四个领域:改善生活环境,减少不平等,发展在社会和经济方面可持续的城市模式,加强大都市影响力。具体而言,优先考虑针对该地区面对的主要挑战。为了应对住房危机,大都市将逐步形成应对手段,控制整个住房链:释放土地、为社会住房融资、推动私人投资建设。为了改善大巴黎的生活环境,以获得城市生活的空间平衡并积极应对气候变化,将大力推进环境政策:对建筑物进行能源改造、完善供暖网络、对抗空气污染。为了反对社会排斥,将更好地为处境极其困难的人群提供帮扶措施,且扩大帮扶领域。与此同时,干预经济领域的发展,推动符合大都市区的身份和共同利益的大型设施建设或活动组织,参与国际性大事件,比如代表大都市地区共同的意愿申办奥运会或世博会。

图 2.12　巴黎大都市 12 个区块

注:© APUR。

　　新的大都市范围在行政管理上共分成 12 个区块(Territoires,每块至少 30 万居民,巴黎市是其中的一个区块),在各个区块内协调行动(见图 2.12)。因此,巴黎大都市的特殊性还在于,这个新实体基于一个双重市镇联合体的全新制度,即以市际合作公共机构为形式具有特殊地位和独立税收的大都市制度,以及拥有区块公共机构(EPT,巴黎大都市区所独有)的地区制度。

　　在巴黎大都市的建设过程中,一直伴随着一个重要的项目,即"大巴黎快线"(Grand Paris Express)(见图 2.13)。可以说,这也是促成大巴黎建立的一个重要因素。这是一个基础设施网络项目,基于原本单独开发的两个地铁项目(巴黎环城快线和大巴黎公共交通网络),于 2011 年由法兰西岛大区议会与国家之间达成协议,将两个项目融合开发成新的大巴黎快线。新项目包括围绕巴黎的四条区域自动环线地铁线路和两条现有地铁线的延伸段,全长 200 千米,穿插 68 个车站,预计 2030 年建造完成。

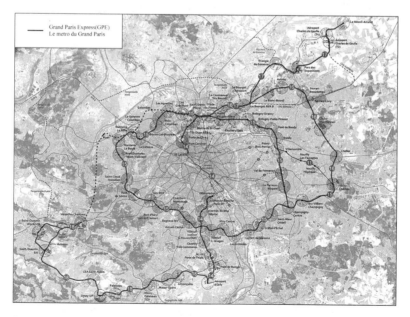

图 2.13　大巴黎快线网络及围绕站点的街区(2015 年)

注:© APUR。

　　这项基础设施作为大巴黎计划建设的一部分,将深刻地改变着巴黎大都市的地理空间,引导一个复杂的大都市地区的经济重建和土地空间发展。大巴黎快线网络将通过增强放射形结构的切向联系,使郊区到郊区的出行不再需要穿过密集的大都市核心。同时,网络的站点将形成重要的节点,分散就业并完善可达性以实现土地空间和社会的平衡。它们被设计为城市集约化中心,推动区域的多极化系统,从而克服中心放射型的模式,与法兰西岛 2030 总体规划的愿景相一致。

　　在宣布巴黎大都市的建立以前,2015 年全年实施了"大巴黎市民"计划,结合公共信息发布会、协商会、网络宣传活动、辩论会等,让未来大都市的居民认识巴黎大都市并解答居民的相关问题,同时收集反馈、建议和想法。其目的是逐渐培养大都市的公民意识,使居民获得认同感和归属感。这也体现了巴黎大都市未来的一个重要行动方向,即"捍卫公民参与式的共同治理模式,将居民置于大都市规划和战略纲要的思考、决策和制定过程的核心"①。在全球化加速和欧盟扩大的国际背景以及法国国土空间改革的双重作用下,巴黎的大都市化发展正在以新的驱动力和新的治理模式践行区域总体规划框架下的双重目标,即提升本地区居民的福祉并重塑巴黎的国际影响力。

---

　　①　Ville de Paris, "La Métropole du Grand Paris: c'est quoi?", 2019-5-14, https://www.paris.fr/pages/metropole-192/.

Ⅱ 现状比较

M3　新发展格局下上海大都市圈发展现状^①

一、上海大都市圈经济发展现状

(一) 上海大都市圈经济发展现状

1. 上海大都市圈经济基础优越

第一,经济实力较强,引领作用显著。上海大都市圈是支撑和引领长三角地区转型升级发展的重要引擎,是长三角城市群的核心功能区,是全国重要大都圈之一。2019 年末,上海大都市圈土地总面积约 5.33 万平方千米,常住人口约 7 125.39 万人,地区生产总值约 10.79 万亿元,是长三角城市群的经济核心区,构成长三角乃至全国的重要经济增长极。其中,2019 年上海生产总值为 3.82 万亿元,经济增速在全球主要城市中处于领先地位,总量规模跻身全球城市前列;苏州生产总值 1.92 万亿元,居全国重点城市第六位,对江苏省经济增长贡献接近 20%;宁波经济发展提质进位,2019 年地区生产总值超过 1.2 万亿元。

---

① 陶希东基于《上海大都市圈蓝皮书(2020—2021)》第 B3、B5、B6、B7 章内容改编而成,上述章节作者分别为李娜、张岩、夏文;薛泽林、陶希东;凌燕;辛晓睿。

第二,城镇化水平较高,居民生活富裕。2019 年上海大都市圈"1+8"城市平均城镇化率超过 73%,最低城镇化率超过 60%,最高城镇化接近 90%,长三角区域总体步入城镇化中后期发展阶段;区域内常住人口人均 GDP 超过 14 万元,城镇居民人均可支配收入达到 6.25 万元以上,农村居民人均可支配收入达到 3.37 万元以上,均高于长三角城市群平均水平。

第三,人口较为集中,集聚效应明显。上海大都市圈人口高度集聚,其中上海、苏州、宁波等的人口规模在长三角城市群 27 个中心城市中居于前 5 位。2019 年上海大都市圈"1+8"城市中有 7 个城市的人口密度和一般公共预算收入居于城市群的前 10 位;有 6 个城市的 GDP 和人均 GDP 居于城市群的前 10 位;有 5 个城市的城镇化率和常住人口居于城市群的前 10 位。总体来看,上海大都市圈的总体发展阶段及发展水平位居长三角地区前列,协同发展的经济社会基础较好。

表 3.1　2019 年上海大都市圈各城市主要经济指标在长三角 27 个中心城市的排序

排　名	常住人口	人口密度	GDP	人均 GDP	一般公共预算收入
上海市	1	1	1	4	1
无锡市	9	3	6	1	6
常州市	15	7	9	5	9
苏州市	2	5	2	2	2
南通市	7	12	8	9	8
宁波市	4	8	5	6	5
湖州市	21	20	19	15	18
嘉兴市	14	6	13	13	10
舟山市	26	10	24	11	23

资料来源:各城市 2020 年统计年鉴。

2. 上海大都市圈内城市呈梯度化发展

上海大都市圈整体经济社会发展水平较高,但其内部发展阶段和发展水平还存在明显梯度差异,这为区域经济合作提供了良好的基础。

一是上海大都市圈内常住人口遵循城市首位度分布法则。若以 500

万人为一个梯度,上海大都市圈内的 9 个城市可以形成 4 个梯度。其中,
上海常住人口超过 2 400 万人;苏州常住人口超过 1 000 万人,宁波、南通、
无锡三市常住人口介于 500 万—1 000 万人之间;嘉兴、常州、湖州、舟山等
四市常住人口低于 500 万人。都市圈内的上海城市首位度达 2.26,上海市
常住人口密度超过 3 800 人平方千米,是第二位城市无锡的 2.5 倍多。

二是上海大都市圈内经济总量呈现梯度分布。若以 5 000 亿元为一
个单位,上海大都市圈"1+8"市经济总量形成 5 个梯度。其中,上海 GDP
处于绝对领先地位,接近 4 万亿元;苏州位于第二梯队,GDP 在其余城市
中的优势亦较为显著,为 1.92 万亿元,介于 1.5 万亿—2.0 万亿元之间,约
为上海的 1/2 略多;第三梯队的是宁波、无锡,两个城市的 GDP 均已超过
1.1 万亿元;南通、常州和嘉兴的 GDP 介于 0.5 万亿—1.0 万亿元之间,其
中南通已接近 1 万亿元;湖州和舟山 GDP 低于 0.5 万亿元。就地方一般公

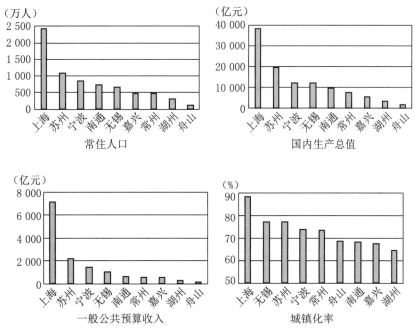

图 3.1　上海大都市圈各城市 2019 年主要总量指标比较

资料来源:各城市 2020 年统计年鉴。

共预算收入指标而言,上海居于大都市圈城市中的首位,是第二位苏州的3.2倍。宁波和无锡的一般公共预算收入也在1 000亿元以上,南通、常州、嘉兴、湖州和舟山的一般公共预算收入在100亿—1 000亿元梯度内。

三是城镇化率呈现"一超多强"的特征。上海大都市圈内各城市的城镇化率介于60%—90%之间,上海的城镇化率在大都市圈中遥遥领先,城镇化率接近90%,可与发达国际城市媲美;无锡、苏州、宁波和常州紧随其后,城镇化率已超过70%,逐步迈向国际水平。舟山、南通、嘉兴和湖州虽然排在末位,但城镇化率均大于64%,明显高于全国平均水平(60.60%)。

3. 上海大都市圈内城市之间差距呈缩小态势

一是上海大都市圈内各城市经济差距呈缩小态势。上海大都市圈各城市在经济快速发展的同时,城市间的经济差距逐渐减小。2010年至2019年,上海大都市圈有5个城市与上海的GDP差距缩小,其中湖州与上海的差距缩小1.54倍,南通与上海差距缩小1.04倍,差距缩小幅度超过1倍,嘉兴、常州与上海的差距也缩小了0.68倍、0.64倍,各城市与上海的差距平均缩小约0.5倍。上海大都市圈内城市经济实力总体提升较快,与首位城市经济差距逐渐减小。

表3.2　2010年、2019年上海大都市圈各城市GDP与上海GDP差距变化情况

	2010年与上海 GDP 相差倍数	2019年与上海 GDP 相差倍数	倍数变化
无锡	3.1	3.22	−0.12
常州	5.8	5.16	0.64
苏州	1.95	1.98	−0.03
南通	5.1	4.07	1.04
宁波	3.47	3.18	0.29
湖州	13.76	12.22	1.54
嘉兴	7.79	7.1	0.68
舟山	27.81	27.82	−0.01

资料来源:各城市2020年统计年鉴。

二是上海大都市圈内人均水平呈收敛发展态势。上海大都市圈内部各城市人均水平指标差距不大,部分城市的人均指标已超过了上海。2019 年,上海大都市圈内人均 GDP 最高的城市是无锡,高出第二位苏州 0.48 个百分点,上海和常州的人均 GDP 和无锡、苏州差距不大,均位于第一梯队内,剩余的城市均位于 10 万—15 万元之间。城镇居民人均可支配收入最高的城市是上海,已超过 7.5 万元,苏州、宁波、嘉兴、无锡和舟山的城镇居民人均可支配收入主要分布在 6 万—7 万元之间,湖州、常州和南通城镇居民人均可支配收入均大于 5 万元。再如,上海大都市圈内农村居民可支配收入差距也逐渐较小,嘉兴、舟山的农村居民可支配收入

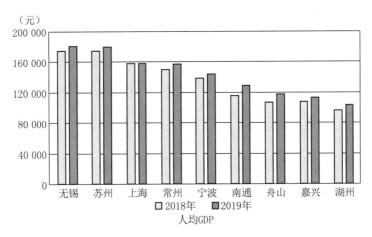

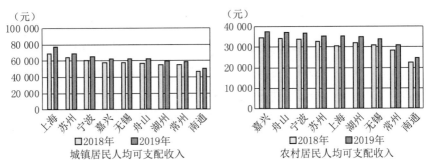

图 3.2 上海大都市圈各城市 2018 年、2019 年主要均量指标

资料来源:各城市 2020 年统计年鉴。

在大都市圈内保持领先地位;除南通农村居民可支配收入在 3 万元以下,其他 8 个城市的农村居民可支配收入均大于 3 万元。

(二)上海大都市圈产业发展特征

1. 产业结构不断优化,处于工业化中后期

上海大都市圈产业基础较好,各城市所处产业发展阶段有所不同。基于美国经济学家西蒙·库兹涅茨的产业结构规律和城镇化水平,对上海大都市圈内各城市产业发展阶段进行判断[①]。可发现:

第一,上海第三产业发达,产业结构处于后工业化阶段。从产业结构来看,上海地区生产总值构成中第一产业增加值比重仅为 0.27%,工业增加值比重降至 26.99%,第三产业增加值比重增长至 72.74%,第三产业比重明显高于第一和第二产业比重,步入后工业化发展阶段。苏州、无锡、常州、宁波等城市多处于工业化后期,处于服务经济和工业经济双轮驱动的发展阶段。四个城市的产业结构中第一产业比重均小于 10%,且服务业的比重过半,第二产业比重比第三产业比重分别小 4.00 个百分点、2.50 个百分点、4.05 个百分点和 5.50 个百分点。

第二,南通、嘉兴和湖州产业结构稳步提升,由工业化中期向后期过渡。自 2008 年以来,这三个城市的工业经济比重不断下降,服务经济比重稳步提升,农业经济比重降至 5% 以下,大致处于工业化中期向后期过渡阶段。南通和湖州的农业经济占比在 4%—5% 之间,且第二产业比重高于第三产业比重 2.60 个百分点和 6.70 个百分点;嘉兴的第一产业比重仅为 2.2%,第二产业比重也明显高于第三产业比重,二者相差 9.40 个百分点。以上三个城市均表现出较好的工业经济发展,属于工业引领经济发展地区。舟山属于工业经济不发达,服务经济主导的地区。其人均GDP 高于 11 万元,城镇化率超过 65%,但农业经济比重达 10% 以上,工

---

① 黄群慧、李芳芳:《中国工业化进程(1995—2015)》,社会科学文献出版社 2017 年版,第20 页。

业经济比重为27.3%,服务经济比重过半。

表 3.3　2019 年上海大都市圈各市发展阶段比较

城市	人均 GDP(元)	产业结构占比	工业比重(%)	城镇化率(%)
上海	157 138	0.27∶26.99∶72.74	25.35	88.1
无锡	180 044	2.1∶47.7∶50.2	42.64	77.1
常州	156 390	1.02∶47.46∶51.51	43.23	73.3
苏州	179 174	1.0∶47.5∶51.5	42.48	77.0
南通	128 294	4.6∶49.0∶46.4	41.03	68.1
宁波	143 157	2.7∶45.9∶51.4	43.09	73.6
湖州	102 593	4.3∶51.2∶44.5	45.54	64.5
嘉兴	112 751	2.2∶53.6∶44.2	47.97	67.4
舟山	116 781	10.67∶34.67∶54.66	27.30	68.6

资料来源:各城市 2019 年国民经济和社会发展统计公报。

2. 产业趋于高端化,高新技术产业发展强劲

近年来,上海大都市圈高科技产业呈现较好的发展态势,高新技术产业和战略性新兴产业份额逐步提高,各城市产业迈向高端化,成为支撑和引领地区产业经济发展的重要力量。2019 年,上海大都市圈"1+8"市共有高新技术企业近 3.4 万家;高新技术产业占规模以上工业比重均超过40%。其中高新技术产业企业数量最多的城市是上海,达到 12 848 家,苏州的高新技术企业数量在 7 000 家以上,无锡、宁波、嘉兴三个城市的高新技术企业数量在 2 000—5 000 家,常州和南通的高新技术产业企业数量介于 1 000—2 000 家之间,仅有湖州和舟山的企业数量小于 1 000 家。从结构来看,高新技术产业总产值占规模以上工业的比重较高的城市有嘉兴、湖州,占比超过 50%,苏州、无锡、常州、南通均介于 40%—50%,舟山的份额为 37.9%,仅有上海和宁波的份额在 20%—30% 之间。"1+8"市的战略性新兴产业占规模以上工业平均比重在 36% 左右。其中,苏州战略性新兴产业产值占规模以上工业总产值的比重最高,为 53.70%;常州和嘉兴的份额超过 40%,其他城市的比重均在 30% 以上。

表 3.4   2019 年上海大都市圈科技产业发展概况

城市	高新技术产业		战略性新兴产业
	企业数量（家）	总产值占规模以上工业比重（%）	总产值占规模以上工业比重（%）
上海	12 848	20.80	32.43
无锡	4 602	45.59	29.90
常州	1 760	43.40	43.20
苏州	7 052	49.40	53.70
南通	1 706	40.30	30.80
宁波	3 102	21.93	28.00
湖州	485	55.60	30.20
嘉兴	2 414	58.00	41.50
舟山	140	37.90	34.20
合计	34 109	41.44	35.99

注:常州统计的是高新技术产业总产值占总工业值的比重,舟山战略性新兴产业总产值占规模以上工业比重采用的是 2018 年数据。
资料来源:各城市 2019 年统计年鉴。

3. 立足绿色发展,产业效率进一步提升

立足绿色发展理念,上海大都市圈各城市的产业效率较高。相比于传统的以资源促增长的模式,如今的集约化发展更有利于社会经济的可持续性。2019 年,上海大都市圈平均每万元 GDP 用水量为 13.51 吨,平均单位工业增加值用电量为 0.12 千瓦时。各城市的单位工业增加值用电量差距不大,最高是湖州,其单位工业增加值用电量是 0.15 千瓦时,最低的是舟山,为 0.07 千瓦时。其中,舟山、上海、南通、无锡和宁波均位于平均值之下。分区域看,上海的产业效率在大都市圈中最高;江苏省的 4 个城市次之,其平均每万元 GDP 用水量为 4.53 吨,平均单位工业增加值用电量为 0.11 千瓦时;浙江省的 4 个城市产业效率有待提高,其平均每万元 GDP 用水量为 23.90 吨,平均单位工业增加值用电量为 0.12 千瓦时。

表 3.5　2019 年上海大都市圈用水、用电量情况

城市	万元 GDP 用水量 （立方米/万元）	单位工业增加值用电量 （千瓦时/亿元）
上海	7.81	0.08
无锡	4.01	0.11
常州	4.40	0.12
苏州	6.31	0.14
南通	3.41	0.08
宁波	17.17	0.11
湖州	40.60	0.15
嘉兴	33.24	0.16
舟山	4.60	0.07
平均	13.51	0.12

注：舟山万元 GDP 用水量采用 2018 年的城区数值，常州万元 GDP 用水量采用
2019 年城区数值。
资料来源：各城市 2020 年统计年鉴。

（三）上海大都市圈科技创新特征

1. 科创资源集聚，发展势头强劲

上海大都市圈拥有数量众多、类型多样的科技创新资源和平台，科技
创新载体集聚，基础支撑能力较强，创新活动活跃。上海的普通高等学校
数量、在校学生、每万人拥有大学生数等均居于都市圈首位。2019 年上
海大都市圈"1+8"市平均每万人拥有大学生 188 人。其中常州、苏州和
上海的每万人拥有大学生数量超过 210 人，常州的每万人大学生数量最
高为 274 人，其次是苏州，每万人大学生数量是 232 人。上海常住人口虽
多，但因其拥有强大的科研系统，2017 年拥有普通高等学校已达 64 所，
在上海大都市圈中遥遥领先，因此上海在该指标上亦有优势。每万人拥
有大学生数最低的是湖州，2019 年该指标也已接近 95 人。

上海大都市圈科技成果数量持续增长，科技创新质量逐渐提升。2019
年，上海大都市圈专利授权量合计约为 35.6 万件，占长三角 27 个中心城市

的 41.03%。其中,发明专利约为 8.39 万件,占长三角 27 个中心城市的
52.67%;平均万人发明专利拥有量约 11.77 件,高于长三角平均水平(6.78
件)4.99 件。苏州发明专利达到 4 万件以上,上海发明专利达到 2 万件以上。

各级政府部门积极搭建各类科创平台,为上海大都市圈的创新发展保
驾护航。上海大都市圈拥有国家自主创新示范区、高新园区、经济技术开发
区、科技企业孵化器、特色产业基地、重点实验室、工程技术研究中心、双创
示范基地、科技创新服务平台等类型多样的科技创新载体,它们隶属于不同
等级的政府部门、企业、高校和科研院所等。上海大都市圈拥有 1 个科创走
廊、1 个示范区、2 个国家级新区、3 个国家自主创新示范区、13 个国家级高
新区、29 个国家级经济技术开发区,以及众多不同级别、种类各异的科创平
台,这为上海建设具有全球影响力的科创中心提供了重要支撑。

表 3.6　上海大都市圈科创平台情况

国家级平台	平　台　名　称
走廊(1)	G60 科创走廊
示范区(1)	长三角一体化示范区
新区(2)	浦东新区、舟山群岛
自主创新示范区(3)	上海张江国家自主创新示范区、苏南国家自主创新示范区、宁波温州国家自主创新示范区
国家级高新区(13)	上海张江高新区、上海紫竹高新区、苏州高新区、昆山高新区、苏州工业园、常熟高新区、无锡高新区、江阴高新区、南通高新区、常州高新区、武进国家高新区、宁波高新区、嘉兴高新区
经济技术开发区(29)	闵行经济技术开发区、上海漕河泾新兴技术开发区、松江经济技术开发区、上海化学工业经济技术开发区、虹桥经济技术开发区、上海金桥经济技术开发区、苏州工业园区、昆山经济技术开发区、吴江经济技术开发区、常熟经济技术开发区、太仓港经济技术开发区、张家港经济技术开发区、吴中经济技术开发区、浒墅关经济技术开发区、相城经济技术开发区、锡山经济技术开发区、宜兴经济技术开发区、南通经济技术开发区、海安经济技术开发区、海门经济技术开发区、如皋经济技术开发区、宁波经济技术开发区、宁波大榭开发区、宁波石化经济技术开发区、宁波杭州湾经济技术开发区、嘉兴经济技术开发区、嘉善经济技术开发区、平湖经济技术开发区、湖州经济开发区

资料来源:各城市政府官网。

2. 研发投入较大，资金持续保障

上海大都市圈研究与试验发展(R&D)经费投入有明显的增长趋势。2019 年，上海大都市圈"1+8"城市的 R&D 经费内部支出约为 3 532.18 亿元，约占区域生产总值的 3.27%。其中，上海 2019 年的 R&D 经费内部支出最高，超过 1 500 亿元，是 2015 年的 1.65 倍，占当年 GDP 的 4.00%，在上海大都市圈中远远超过其他城市，处于绝对领先地位。其次是苏州R&D 经费规模居第二位，无锡居第三位，经费总支出均超过 300 亿元；宁波的 R&D 经费总规模稍微落后于无锡；常州、南通的总量相近，其他三个城市特别是舟山的 R&D 经费总支出还有很大的提升空间。从 R&D 占GDP 比重看，除上海的占比遥遥领先外，嘉兴虽在规模总量上不及其他城市，但 R&D 占 GDP 的比重则位居上海大都市圈内第二位；常州、苏州、无锡、南通、宁波和湖州的比重相近，且差距不大。

表 3.7　2019 年上海大都市圈研究与试验发展经费情况

城市	R&D 经费支出(亿元)	R&D 经费占 GDP 比重(%)
上海	1 524.55	4.00
无锡	343.72	2.79
常州	209.44	2.83
苏州	629.78	2.79
南通	234.58	2.79
宁波	323.95	2.70
湖州	87.01	2.79
嘉兴	164.66	3.07
舟山	14.48	1.06
合计	3 532.18	3.27

资料来源：各城市 2020 年统计年鉴。

3. 创新成果颇丰，成效较为明显

上海大都市圈的创新成果不断涌现，科技产业发展活跃，在"量"与

"质"方面均有较大提升。2019 年末,上海大都市圈的专利授权量总计
35.60 万件,其中发明专利超过 8.39 万件,平均万人发明专利拥有量约为
36.40 件。分城市看,上海不仅在总量和相对量上显著超越其他城市,而
且在数量与质量方面亦拥有显著优势;苏州在总量超前,特别是发明专利
授权量在上海大都市圈中位居第一,万人发明专利拥有量排在第三位;宁
波的专利授权量和发明专利授权量上居于上海和苏州之后,但相较以上
两市仍存在一些距离;湖州在专利授权总量上不占优势,2019 年仅有
1.64 万件专利授权量、1 256 件发明专利授权量,但万人发明专利拥有量
的排名超过苏州;南通在创新成果总量、质量方面仍有较大提升空间。

表 3.8　2019 年上海大都市圈专利授权及拥有量情况

城市	专利授权量 （万件）	其中:发明专利授权量 （件）	万人发明专利拥有量 （件）
上海	10.06	22 700	53.54
无锡	3.83	4 298	43.00
常州	2.49	2 581	36.60
苏州	8.11	43 371	40.35
南通	1.96	2 278	29.80
宁波	4.72	5 075	29.87
湖州	1.64	1 256	40.38
嘉兴	2.78	2 313	33.00
舟山	／	／	21.07

资料来源:各城市 2020 年统计年鉴。

二、上海大都市圈社会发展现状

(一) 社会发展不断取得新进展

作为中国经济最发达的地区之一,上海大都市圈的基本公共服务

资源丰富,通过查阅 2020 年"1+8"城市以及浙江、江苏两地统计年鉴可知,上海大都市圈在人口结构、教育、医疗、就业、保障等方面都具备相对竞争优势。且从物价指数来看,近年来上海大都市圈的物价控制相对稳定。

1. 人口老龄化突出

上海大都市圈是全国人口最稠密的地区之一,各城市大多是人口导入区。更为重要的是,上海大都市圈的人口老龄化程度较为严重,即便是按照不同的统计标准和统计年份,上海大都市圈少年儿童人口比重都在20%以内,最高的是苏州 2019 年的数据,达到 17.52%,最低的是上海2019 年的数据,只有 10.1;已有统计中劳动人口比重最高的是上海 2019年的数据,达到 73.8%,最低的是无锡 2019 年的数据,为 53.72%;老龄人口比重最高的是舟山 2019 年的数据,达到 28.95%,最低的是上海 2019年的数据,达到 16.1%。

表 3.9　上海大都市圈人口结构

城市	少年儿童比重(%)	劳动人口比重(%)	老龄人口比重(%)	数据年份	年龄划分
上海	10.1	73.8	16.1	2019	0—14;15—64;65 及以上
无锡	—	53.72	20.65	2019	0—14;15—64;65 及以上
常州	—	—	24.36	2019	60 及以上
苏州	17.52	57.16	25.32	2019	0—17;18—59;60 及以上
南通	10.95	68.93	20.12	2017	0—14;15—64;65 及以上
宁波	14.1	—	16.2	2017	0—14;15—64;65 及以上
湖州	—	—	23.19	2015	65 及以上
嘉兴	—	—	25.89	2017	60 及以上
舟山	11.63	59.43	28.95	2019	0—17;18—59;60 及以上
全国	17.95	63.35	18.70	2020	0—14;15—59;60 及以上

数据来源:各级政府人口公报。

2. 教育资源丰富

自唐朝中后期中国经济重心向南转移开始,江浙地区逐渐成为中国文化和教育的核心区域之一。从表3.10可见,上海大都市圈教育资源丰富,拥有各类学校7 364所,其中高等学校为149所,上海以64所占了43%;各类学校专任教师达57.96万人,在校学生总人数达567.31万人,普通高校在校学生达137.87万人。这说明上海大都市圈不仅是教育资源的高地,庞大的在校学生数量也是上海大都市圈发展的巨大潜力所在。

表3.10 上海大都市圈教育资源

城市	学校总数（所）	在校学生总数（万人）	普通高等学校数（所）	普通高等学校在校学生数（万人）	各类学校专任教师数（万人）
上海	1 727	205.52	64	52.65	15.99
无锡	455	85.15	12	12.00	5.98
常州	423	69.45	10	13.00	4.91
苏州	815	154.52	26	24.90	9.91
南通	580	77.95	8	10.61	5.68
宁波	2 045	103.72	15	16.34	6.77
湖州	498	43.72	3	2.88	3.03
嘉兴	720	21.68	6	2.69	4.71
舟山	101	11.12	5	2.80	0.98
总计	7 364	567.31	149	137.87	57.96

数据来源:各级政府2020年统计年鉴。

3. 医疗卫生资源集聚

上海大都市圈经济发展水平高,医疗投入相对较多,9个城市拥有卫生机构数量为19 702个,占"两省一市"的28.59%;拥有医院1 148个,占"两省一市"的31.01%;拥有卫生技术人员46.30万人,占"两省一市"的

40.14%。除了上海以 5 610 个卫生机构数位居第一之外,宁波和苏州的
卫生机构数分别达到 4 530 个和 3 720 个;在医院数量方面,南通、苏州、
无锡都分别超过了 200 个;在每万人拥有卫生技术人员数方面,无锡最
高,达到 220.9 人,南通仅有 68.73 人。

表 3.11　上海大都市圈医疗资源

城市	卫生机构数（个）	医院数（个）	卫生技术人员（万人）	每万人拥有卫生技术人员数（人）
上海	5 610	387	21.33	87.80
无锡	2 770	205	5.93	220.90
常州	1 458	86	3.71	78.80
苏州	3 720	221	9.10	84.70
南通	3 357	229	5.03	68.73
宁波	4 530	180	8.81	144.79
湖州	1 506	70	2.59	96.80
嘉兴	1 643	87	10.14	278.80
舟山	718	70	0.99	84.18
浙江	34 126	1 374	52.03	88.90
江苏	34 796	1 941	63.33	78.50

数据来源:各级政府 2020 年统计年鉴。

4. 养老保障能力较强

随着中国城市化进程的深化,中国也加速进入了老龄社会。养老保
障考验着城市的综合能力。从统计数据来看,截至 2019 年,上海大都市
圈养老机构总数达到 1 229 家,占“两省一市”总数的 30%;养老床位数达
到 263 798 张,占“两省一市”总数的 35.51%。这说明 9 个城市的养老
机构规模相对较大。与全国数据相比,2019 年全国拥有养老床位数
4 388 000 张,每万人约有养老床位数 31 张,而上海大都市圈按常住人口
计算每万人拥有养老床位数 41.67 张,养老保障高于全国平均水平。

表 3.12　上海大都市圈养老资源

城市	老年福利机构数（个）	老年福利机构床位数（张）
上海	700	142 198
无锡	163	38 684
常州	111	26 915
苏州	175	57 124
南通	253	18 312
宁波	282	75 000
湖州	113	23 311
嘉兴	92	19 040
舟山	40	5 412
浙江	1 675	315 484
江苏	2 412	427 268

数据来源：各级政府 2020 年统计年鉴。

5. 经济社会发展活力显著

上海大都市圈是全国人口集聚程度最高的地区之一。截至 2019 年底，上海大都市圈常住人口达到 6 331.52 万人，约占全国总人口的 5%；各行业从业人员总数达到 4 400.10 万人，从业人员占常住人口的约 70%，说明上海大都市圈拥有相当的经济活力。与全国数据相比，2019 年全国拥有各类从业人员 81 104 万人，上海大都市圈占了其中的 5.43%。在城镇新增就业岗位方面，2019 年"两省一市"的全面新增岗位为 332.91 万人，而 9 个城市共新增岗位 175.32 万人，占了总数的 52.66%，说明上海大都市圈是长三角经济增长的发动机。

表 3.13　上海大都市圈就业情况　　（单位：万人）

地区	常住人口	各行业从业人员总数	城镇新增就业岗位
上海	2 428.14	1 376.20	58.91
无锡	268.45	387.00	15.42
常州	470.80	282.70	11.30

续表

地区	常住人口	各行业从业人员总数	城镇新增就业岗位
苏州	1 074.99	692.60	17.32
南通	731.80	452.00	11.50
宁波	608.47	589.09	25.40
湖州	267.57	193.90	15.58
嘉兴	363.70	336.00	15.89
舟山	117.60	90.60	4.00
浙江	5 850.00	3 875.11	125.70
江苏	8 070.00	4 745.20	148.30

数据来源:各级政府 2020 年统计年鉴。

上海大都市圈社会发展程度高,社会组织活跃。从统计数据来看,上海大都市圈社会组织数量最高的是上海 2019 年的数据,达到 16 880 个;最低的是湖州 2019 年的数据,为 635 个。按照当年城市常住人口计算,每万人拥有社会组织数量最多的是嘉兴 2011 年的数据,达到 14.09 个;最低的是湖州 2019 年的数据,为 2.37 个。

表 3.14 上海大都市圈社会组织发展

地区	社会组织数（个）	社会团体（个）	民办非企业（个）	基金会（个）	每万人拥有社会组织数	年份
上海	16 880	4 305	12 076	499	6.95	2019
无锡	5 886	1 466	1 387	32	12.57	2011
常州	2 458	—	1 670	17	5.22	2019
苏州	8 960	3 274	5 625	61	8.33	2019
南通	—	—	—	—	—	—
宁波	7 358	—	—	—	12.09	2019
湖州	635	401	303	—	2.37	2019
嘉兴	1 602	—	—	—	14.09	2011
舟山	4 287	—	—	—	12.00	2019

数据来源:各级政府 2020 年统计年鉴和当年政府公布。

6. 居民消费物价平稳

物价指数是一个衡量市场上物价总水平变动情况的指数,不仅关系国家经济稳定,更关系人民群众生活水平。从统计数据来看,2019 年上海大都市圈物价水平趋于稳定,居民消费价格指数、居住价格指数、教育文化和娱乐价格指数、医疗保健价格指数的中位数分别为 103、101.15、103.5、102.1,且这些跟居民生活关系密切的价格指数都在 106 的范围之内,其中嘉兴和舟山两地的居住价格还略有回调。民生消费价格的稳定说明上海大都市圈的经济发展状态良好,也意味着上海大都市圈具有良好的宜居环境。

表 3.15 上海大都市圈价格指数(以上年价格为 100)

城市	居民消费价格指数	居住价格指数	教育文化和娱乐价格指数	医疗保健价格指数
上海	102.50	101.90	101.20	103.30
无锡	102.90	101.60	103.70	100.20
常州	103.00	101.20	103.30	101.30
苏州	103.00	102.90	100.70	100.70
南通	103.20	101.80	102.00	101.40
宁波	103.00	101.10	104.50	104.30
湖州	103.00	100.90	104.10	104.90
嘉兴	102.20	97.90	104.50	105.60
舟山	102.30	99.90	103.00	102.80
中位数	103.00	101.15	103.50	102.10

数据来源:各级政府 2020 年统计年鉴。

(二)基本优质公共服务共享新格局

近年来,上海大都市圈 9 个城市在长三角一体化国家战略推进下先试先行,在基本优质公共服务便利共享方面做了许多有益探索,有效推动了上海大都市圈基本公共服务共享的进程。

1. 教育协同多层次发展

近年来,上海大都市圈教育协同呈现出多层次发展的新格局。2020年11月,长三角一市三省共同制定、签署《新一轮长三角地区教育一体化发展三年行动计划》,明确将在提升高等教育协同创新服务发展能力、推进基础教育优质发展、加快职业教育协同平台建设、推进各类教育人才交流合作、加快长三角教育现代化建设、健全长三角教育协同发展体制机制等方面加强项目推进,为一体化加速奔跑注入"教育动能"。

(1)探索高层次人才联合培养新途径。行动计划提出,深化上海大都市圈及长三角高校创新资源协同共享机制,以高水平大学为主体,聚焦政府、行业龙头企业和科研院所力量,在人工智能、集成电路、高端工业软件、新能源及储能用能、高端装备和智能制造、生物医学和创新药物研制、区块链技术等领域积极争取国家支持,探索开放共享、协同发展的运行管理模式,对"卡脖子"技术开展集成攻关。

(2)携手创新中小学德育教育。计划提出,将协同推进上海大都市圈及长三角各学校五育融合、落实立德树人根本任务,包括协同开展中小学德育、体育、艺术、科技、劳动教育资源跨区域共享共建;推进上海大都市圈及长三角教育评价改革试点,探索评价学校、教师、学生等评价标准的"长三角实验";共建共享基础教育优质资源等。

(3)建设职业教育产教融合"云平台"。行动计划指出,协同优化职业院校和专业布局,结合区域传统产业结构调整和新兴产业发展需要,协同制定政策并引导教职资源向重点区域、产业园区集中。未来上海大都市圈及长三角优质职教资源将实现跨区域、跨行业流动,教师可以跨省市挂职研修,学生可以跨地域实习实训。此外,鼓励有条件的职业院校参与标准建设,探索开发共建国际化职业资格证书机制等。

2. 构建养老服务一体化平台

上海大都市圈养老服务需求量大,养老服务一体化是公共服务一体化的重要内容。2019年6月,上海、江苏、浙江、安徽的民政部门在上海签署"合作备忘录",共同促进各方养老资源共享,激发养老服务市场活力。依据"合作备忘录",沪、苏、浙、皖将加强养老机构的统一管理,在条件允许的区域范围,统筹协作养老服务资源,提高利用效率。一是推进养老护理队伍的培训协作,互认养老护理员评价标准及资格认定标准;二是建立统一的养老服务统计制度及统计标准;三是统筹上海大都市圈及长三角区域养老服务资源,加强区域范围内的养老服务资源进社区、进家庭,推出"线上+线下"养老服务地图,推广"社区养老顾问";四是依托上海认知症的筛查标准、照护标准等,整体提升上海大都市圈及三省一市养老服务认知症照护专业能力。依据计划,江苏省苏州市、南通市;浙江省嘉兴市、湖州市;安徽省芜湖市、池州市,以及上海的 11 个区成为长三角养老一体化的首批试点城市。上海大都市圈中的上海的青浦区、江苏的苏州市吴江区、浙江的嘉兴市嘉善县等三地将率先试行涉及"养老服务设施规划、政策通关"等多领域的信息共享,落实"养老机构服务与管理"标准,以及"老年照护评估"标准的互认互通,待条件成熟逐步推广至长三角区域全境。

2020 年 12 月,上海大都市圈中的上海长宁区日前分别与江苏省南通市、常州市签署备忘录,加强三地养老资源共享和项目共建。在养老机构合作方面,上海长宁连锁养老品牌机构人寿堂旗下的常州市金坛逸仙颐养院、句容市逸仙颐养院、镇江逸仙颐养院已入选长三角异地养老机构首批名单,入住老人可以实现医保结算"一卡通"。2021 年,长宁区还将搭建长三角区域内养老产业资源对接、项目合作、人才交流服务平台,积极推动长宁养老服务企业在结对地区的运营管理、康养基地等重要项目落地,让长三角养老服务质量的提升跑出"加速度"。

3. 实施医疗保险异地结算

上海大都市圈各城市医疗水平相当,经济发展水平相当,医疗保险的异地结算水平较高。作为上海大都市圈乃至长三角地区的医疗资源的高地,近年来,上海市各级政府、医疗机构已经多层次、多渠道探索跨地区合作模式,打破地域局限,以不同形式将资源向上海大都市圈城市群辐射,开设分院、"医联体"等合作模式逐渐打破僵局。比如,上海仁济医院开设宁波分院,上海瑞金医院在舟山、无锡开设分院,让更多上海大都市圈居民享受到上海的优质医疗服务。2019 年 5 月,沪、浙、苏、皖四地卫健委签署合作备忘录,推进长三角及上海大都市圈专科联盟建设,开展医疗、教育、科研合作,探索实践高层次医疗卫生人才柔性流动机制,实现疾病诊断标准、治疗方案、质量控制、数据归集和疗效分析"五个统一"。同时推进的还有健康信息的互通互联,即建立居民电子健康档案交换机制,开展公共卫生数据共享联动试点,实现数据实时共享、互通交换。

截至 2019 年底,上海大都市圈异地就医门诊费用直接结算运行情况总体良好,直接结算量稳步上升。据统计,长三角门诊直接结算总量累计达 26.4 万人次,涉及医疗总费用 5 900 余万元。其中,上海参保人员在三省结算 10 万人次,上海与三省参保人员异地结算比例约为 1∶1.6。一方面,在异地居住、养老的参保人员可获得就医配药的便利;另一方面,三省一市的参保人员也可以共享区域优质医疗资源。通过转诊就医,还能为患者指明就医医院,让患者少跑冤枉路、治疗更及时。随着覆盖面不断扩大、知晓度不断上升,包括上海大都市圈各城市在内的长三角各城市结算量在稳步增长,为长三角老百姓带来了实实在在的获得感。

(三) 社会治理协同破冰先行

1. 探索形成多层次毗邻党建新模式

进入新时代以来,党对中国特色社会主义事业的领导全面强化,以党的建设为抓手推动中心工作的落实成为中国特色政治制度的主要特征之一。形成"毗邻党建"共识,构建一系列党建联建新机制,携手绘就跨界治理新格局,是几年来上海大都市圈战略实践及深化的结晶。

一是"双委员制"急百姓之所急。"双委员制",是沪浙毗邻地区干部交叉任职的探索突破,也是"毗邻党建"、干部共育的全新举措。实行双委员制,探索"双线工作法",即结对村党组织委员相互交叉任职,突破行政边界,提高处理毗邻地区事务的速度、质量和水平。如在上海市金山区枫泾镇,已有 7 个村与浙江省境内的 7 个毗邻村结对。其中,金山枫泾镇与嘉善姚庄镇、经济技术开发区(惠民街道)、新埭镇形成"四方联盟党建一体"的毗邻区域化大党建格局。随着互动合作,"双委员制"不断完善提升,在共过组织生活、协作服务群众的基础上,确立了研学一个好经验、提供一个好点子、完成一个好项目的"三个一"目标,实现毗邻边界全覆盖,保证管理不留白。

二是"联合党支部"精准施策解难题。在上海金山与浙江平湖交界,一座石桥连接廊下镇山塘村与广陈镇山塘村,两村分属沪浙两地,一个在南,一个在北,名字也相同,百姓往来密切、联姻颇多。当地群众喜欢称这两个村为南北山塘。2017 年,南北山塘成立沪浙山塘联合党支部。党员"跨界"上班、相互取经、共同成长,合力推动两地融合发展。新冠肺炎疫情防控中,在党建引领下,上海市金山区与浙江省平湖市、嘉善县三地共同推出了"两书一证"人员车辆互认通行机制,解决省界人员和车辆道口通行有关瓶颈的问题。"两书"即个人承诺书和企业承诺书,"一证"即通行证。

三是"毗邻党建"体现跨界治理力量。长三角地区是中国经济发展最活跃、开放程度最高、创新能力最强的区域之一,经济总量占全国的1/4 左右。进一步推动长三角地区一体化协同联动发展,利用跨界治理打破区域界限是良策。"毗邻党建"在联动发展中的"黏合""搭扣"作用已逐渐显现。2019 年金山、嘉兴"毗邻党建"引领区域联动发展的重点合作项目有 20 项,内容涵盖基层党建、产业发展、民生服务、平安建设、生态环保、文化科创、人才建设等方面,既有重大基础设施、合作发展平台建设,也有百姓群众"民生体验"强烈的公共服务项目。

2. 一网通办助力区域营商环境提升

上海大都市圈一网通办是长三角一网通办的重要组成部分。2019年,长三角地区依托全国一体化政务服务平台,率先开展了政务服务一体化工作。长三角"一网通办"平台由上海、江苏、浙江、安徽共同打造。在充分依托浙江"最多跑一次"、江苏"不见面审批"、上海"一网通办"、安徽

"皖事通办"平台建设成果基础上,充分发挥国家政务服务平台统一身份认证、统一电子证照、统一数据共享等公共支撑作用,推动长三角地区政务服务"一网通办",不断提升政务服务区域一体化水平。

一是电子证照互认。上海大都市圈各城市通过对接国家政务服务平台,实现了用户统一登录,做到"一地认证、全网通办"。依托国家电子证照共享交换平台的基础支撑能力,在业务互认的前提下,上海大都市圈和三省一市的政务服务移动端 App 端提供的亮证功能可以满足群众在线下办事场景中免带证件,使用者通过 App 端亮证出示二维码,验证者扫码后进行在线校验查看证照,实现电子证照跨省互认。

二是建立了数据互通共享通道。上海大都市圈共同制定数据交换规范、数据质检规则等,依托长三角地区数据共享交换平台,实现办件等数据的共享交换,满足业务协同、数据共享交换等需求。根据具体业务场景需要,三省一市及上海大都市圈行业部门通过制定统一的服务接口规范和业务标准,开发提供各自的服务接口,再由一家统一开发部署业务应用,最终实现该事项的统一办理。比如社会保险个人权益记录单查询打印、社会保障卡应用状态查询事项,三省一市人社部门统一业务规则,编制统一办事指南,打造统一申报界面、统一查询入口。

3. 多领域协同执法体系不断健全

法治化是治理体系与治理能力现代化的重要特征,也是全面提升治理能力的基本要求。上海大都市圈通过共建信用体系、推动卫生监督联动执法、加强市场监管执法协作等,全面提升了上海大都市圈治理的法治化程度。

一是上海大都市圈共建信用体系。2018 年,上海大都市圈三省一市联合制定了《长三角地区深化推进国家社会信用体系建设区域合作示范区建设行动方案(2018—2020 年)》,明确了四大重点任务和八大专项行动,将"信用长三角"建成反映区域高质量一体化发展的重要品牌,将长三角地区建成国内信用制度健全、信息流动通畅、服务供给充分、联动奖惩有效、信用环境优化的地区。按照规划,包括上海大都市圈 9 个城市在内的长三角地区将共同推进信用体系建设,包括在农产品冷链物流、环境联防联治、生态补偿、基本公共服务、信用体系等领域,先行开展区域统一标准试点。推动建立统一的抵押质押制度,推进区域异地存储、信用担保等业务同城化。加强区内企业诚信管理,建立公共信用联合奖惩机制。加强信用分级管理,按照"守法便利"原则,把信用等级作为区内企业享受优惠政策和制度便利的重要依据。

二是加强上海大都市圈市场监管执法协作。近年来,上海大都市圈在长三角执法联动中先试先行,基层卫生监督联动执法工作日益密切。如青浦区、吴江区、嘉善县卫生健康部门成立了卫生监督综合执法联动办公室,开展了针对非法医疗美容、餐饮具集中消毒单位的联合执法行动;嘉定区、昆山市、太仓市卫生健康部门建立了医疗监管协作机制,共同防范和打击无证行医等行为;金山区、松江区、青浦区、嘉兴市、平湖市、嘉善县、吴江区卫生监督机构开展了集中整治无证行医等联合行动。

4. 跨区域应急联动格局初步形成

上海大都市圈应急管理联动是长三角一体化发展的重要组成部分。作为上海大都市圈的核心成员,以及长三角生态绿色一体化发展示范区,上海市青浦区、江苏省苏州市吴江区和浙江省嘉善县的"物理对接""化学融合"显现。三地应急管理局本着"优势互补、共建共享、协同发展"的原则,就开展应急管理全领域、常态化互动合作,联名签署《长三角生态绿色一体化发展示范区应急管理协同机制合作协议》。2020年9月,三地联合举办第三届进博会安全保障暨长三角一体化示范区综合应急演练,为区域应急协调联动起到很好的示范作用。

在国家战略的推动下,上海大都市圈的应急管理联动协同不断强化。2020年11月,上海市金山区应急管理局和浙江省平湖市应急管理局签订应急联动发展合作框架协议,建立工作协调联络机制、信息共享机制、联动执法机制、应急救援机制,进一步加强应急管理地市级区域合作。

2021年,上海市青浦区、江苏省苏州市、浙江省嘉兴市三地应急管理部门商定,共同建设长三角应急管理联盟。按照"信息共享、资源共用、优势互补、联动共治"的原则,围绕应急管理、防灾减灾、安全生产等方面开展 10 项一体化合作,包括应急响应、安全执法监管、防灾减灾、危化品道路运输管控、应急资源等。这是近年来长三角一体化应急管理协同发展的一个缩影。

三、上海大都市圈文化发展现状

(一) 文化事业繁荣发展

围绕卓越全球城市区域建设的目标,结合新的生活方式和消费方式,持续繁荣发展文化事业产业,不断升级完善公共文化服务体系,深化建设更加开放包容、更富创新活力、更显人文关怀、更具时代魅力、更具世界影响力的大都市圈。

1. 公共文化服务能级不断提高

上海大都市圈各城市在公共文化服务建设方面尽管存在一定差异,但总的来说硬件设施建设与软件服务已取得"齐头并进"的成效。

第一,重大文化设施建设取得新进展。上海大都市圈各城市在城市空间计划里逐渐将文化赋能提升到重要位置,注重文化优势,增强各城市文化地标的辨识度,彰显江南文化的多姿多彩。如上海针对长三角一体化示范区和临港新片区,拓展延伸从淀山湖到滴水湖的城市东西文化轴的文化设施布局;宁波建设天一阁博物馆新馆、非物质文化遗产馆、河海博物馆、文化馆新馆、新音乐厅、档案中心等文化设施,打造新时代宁波文化地标。

第二,公共文化服务网络广覆盖。目前,上海大都市圈各城市已基本建成市、区、街镇、村(居委会)的四级公共文化服务网络。"1+8"城市人均公共文化设施建筑面积平均约为 0.3 平方米,拥有博物馆 362 家、公共图书馆 158 家,群艺馆、文化馆(站)达 902 个。上海、苏州、宁波几个城市的艺术表演团体国内年度演出场次均已上万,上海接近8万场,观众人次也均达到1 000多万人次。

第三,公共文化服务数字化取得新进展。近几年,上海大都市圈各城市着力用数字影视、文化智造、数字传媒、数字音乐等赋能文化领域,打造公共文化领域的"云"建设,数字文化馆、智慧博物馆不断涌现,逐步实现了城市"文化云"平台的全覆盖。同时,结合城市区域产业优势,打造各具特色文化服务品牌。如宁波打造"云上文化"品牌;苏州通过"云旅游""云演艺""云展览"整合文旅资源,提升文旅服务品质等。

第四,公共文化服务开启联动共享。由于上海大都市圈各城市地缘相近,文化相亲,具有很多文化共通性,各城市间开始尝试通过公共文化的合作机制,开展城市间文化实际运作项目,通过公共文化机构区域内的联动共享,推动城市间文化旅游公共服务体系有效叠加。如2018年10月23日,由上海市长宁区文化局联合上海市徐汇区文化局、浦东新区文广局、嘉定区文广局、苏浙皖三省示范区文化(广)局、国家公共文化服务体系示范区创新研究中心、上海市群众艺术馆共同发起建立长三角地区国家公共文化服务体系示范区(项目)合作机制。39个城市(区)共同发布了《长三角地区国家公共文化服务体系示范区(项目)合作机制虹桥宣言》。在该合作机制框架下,定期举办"合作机制年会",搭建文化发展合作平台,商立具体实质性项目。

2. 传统优秀文化传承有力

上海大都市圈的历史文化要素品类众多、数量巨大,有远近闻名的世界级物质和非物质文化遗产,各城市的历史文化文物保护和活化工作成绩显著。

一是文化遗产保护利用工作稳步推进。上海大都市圈各城市文物管理部门均完成了"十三五"规划文物建筑保护工程,一些城市的地下、水下文物保护与考古工作取得重大发现。如上海的广富林遗址进行了两次大规模抢救性发掘工作,发掘面积达到13 000多平方米,在环太湖地区文明进程研究、福泉山遗址考古发掘中取得重大突破。据统计,"上海大都市圈范围内现有 11 项世界级文化遗产,其中世界文化遗产 2 项,全球重要农业文化遗产 1 项,世界灌溉工程遗产 2 项,世界文化遗产预备 3 项,以及非物质文化遗产 3 项;具备较高的遗产密度,1 000 平方千米范围内包含的国家级、省级历史文化资源点不少于 10 处,且具有旅游热度"①。在文物利用方面,各城市引导传统文化资源融入生产生活实践,拓宽传统文化多元利用方式。如宁波推进大运河文化带、浙东唐诗之路沿线文物资源保护传承,加强革命文物保护利用,推进水下文物考古和文化遗产保护,深入开展海丝、海防、海港遗存研究。同时,鼓励社会力量和专业机构开发文化产品和服务,做精做强传统文化品牌。如上海通过长三角国际文化产业博览会,推进江南水乡古镇联合申报世界文化遗产,加强保护利用。

二是博物馆能级提升明显。博物馆陈列展览的质量显著提高,如上海博物馆"幽蓝神采——元代青花瓷器大展"、上海鲁迅纪念馆"人之子——鲁迅生平陈列"、宋庆龄生平事迹陈列馆"寓情于史,以情传神——宋庆龄陈列"三个项目获第十届全国博物馆陈列展览精品奖。

苏州博物馆宣传推广方式多元化,运用了大量新技术、新材料和现代设计手法,萃取传统园林的精髓,创造性打造了一件传统与现代和谐相融的"双面绣"建筑艺术作品。上海博物馆利用"5·18"国际博物馆日、开展"博物馆之夜"等加大博物馆宣传,推出"文化上海"发布、导览、品鉴、典藏四大系列丛书及相应的手机应用软件等。

三是非遗文化活态传承成效凸显。上海大都市圈各城市积极加强非物质文化遗产生产性保护和活态传承,各显其能。一方面,深入推进"非遗在社区""非遗进校园";另一方面,鼓励社会力量和专业机构建立非遗传习所和传习点,支持一批文化特色鲜明的非遗品牌做精做强。如上海联合国内外高校建设完善非物质文化遗产研究机构,推进国家级非物质文化遗产记录工程;苏州结合文旅专项行动,通过创意设计、将非遗文化、

---

① 数据统计来源:《上海大都市圈规划总报告》(2021)未公布版。

手工艺转化为适应时代发展的产业和产品,发展乡村旅游、江南水文化、大闸蟹文化等。

3. 文化交流影响力不断提升

进入新的时代,长三角地区跨域文化合作交流更加频繁,包括公共文化供给、市民文化活动、文化合作交流等呈现多元化发展。

一是城市文化合作交流项目增多。上海大都市圈城市间文化活动、文艺精品不断涌现,且不断开启文化交流的协作机制。2019年9月19日,上海杨浦与浙江嘉兴、浙江温州、江苏扬州、安徽宣城等长三角五座城市的文联工作者和书画家们相聚上海浦江之滨,联手举办"爱我中华 携手共庆——长三角五地书画交流活动"。

二是市民文化节城市间影响力不断提升。上海创新办节机制,以"政府主导、企业支持、社会参与、群众得益"的方式举办上海市民文化节,力求最大限度调动市民的活动参与热情。2021年3月29日,上海市民文化节首次在江苏苏州、浙江温州和安徽芜湖设立长三角分会场,实现四地联动。

三是对外文化交流合作机制进一步完善。上海大都市圈各城市参与国家级品牌项目和主题活动,提高本土文化全球影响力。如上海通过整合全媒体渠道,以上海实践讲好中国故事,加强人民外宣建设,构建针对性强、富有成效的上海国际传播工作机制,通过上海国际电影节、上海电视节、中国上海国际艺术节、"上海之春"国际音乐节、中国国际数码互动娱乐展览会(China Joy)等重大文化节庆活动,鼓励增设具有国际影响力的原创艺术赛事品牌,提升节庆内涵品质。苏州充分利用涉外媒体平台、海外社交网络平台和国际合作媒体,提升国际传播能力,完善与海外城市文化交流合作机制,参与国家级品牌项目和主题活动,提高本土文化全球影响力。苏州深化友好城市交往,目前已有65个国际友好城市。舟山开展多元化海员文化交流活动,提升海员服务国际影响力。

《上海大都市圈城市指数排行榜2020》报告显示,上海大都市圈内在文化交流功能方面,上海市区居全面领先的地位,尤其是在活动演出场次和世界会议数量上优势明显。苏州市区位列第二,凭借世界文化遗产苏州园林的优势,在外国游客点评指标上表现突出。宁波、无锡、常州、湖州、舟山、嘉兴、南通市区排名靠前。昆山市、桐乡市因分别拥有周庄、乌镇核心古镇资源,在外国游客点评指标上具有优势。

(二)文化产业高质量发展

近年来,中国不断加大对文化事业的投入,推动中国文化产业的快速发展,以实现文化产业大繁荣、大发展的目标。从上海大都市圈"1+8"城市的文化产业发展趋势来看,文化与多产业融合的新业态不断涌现,信息化、数字化、体验型的文化产品和服务成为文化消费新趋势。

1. 文化产业实力稳步提升

文化实力就是经济潜力,近年来上海大都市圈各城市通过不断打造完整的文化产业链,强化城市协同合作共促文化产业的发展,文化产业平稳上升。

第一,文化产业保持平稳增长。文化实力就是经济潜力。上海大都市圈"1+8"城市在文化产业发展方面比较均衡,2019年上海大都市圈范围内城市文化产业产值增加值占 GDP 比重均值为 5.23,高于全国均值4.5 的水平。上海近两年的文化产业及文化产业增加值略有所降低,但基本保持两位数增长,增加值占全市 GDP 比重基本维持在 6% 左右。苏州和湖州近两年借力文旅融合、产业互动,文化产业的发展潜力得到有效释放。2021 年 1 月苏州召开文化产业高质量发展大会,提出文化产业增加值占 GDP 比重 5 年要翻一番;2020 年湖州市人民政府印发《湖州市推进文化和旅游消费试点城市建设三年行动计划(2020—2022 年)的通知》,提到:"到 2022 年,文化产业增加值占全市 GDP 比重 8% 以上",结合文化和旅游消费的新趋势、新需求,大培育发展文化和旅游消费新业态。

第二,文化产业发展环境不断完善。上海大都市圈各城市通过不断创新文化产业发展专项资金资助方式,加大政策扶持力度,为重大文化产业项目落地生根保驾护航。各城市正在积极促进数字化、智能化、网络化文化的发展,布局云计算、大数据、人工智能、5G 等先进技术,搭建服务平台与促进文化产业发展,打造数字文化产业,涌现出一批文化与科技深度融合的龙头代表。比如苏州科技城文化科技产业园,利用专利审查协作江苏中心,集聚一批软件与游戏动漫企业,依托中国传媒大学苏州研究院建立的"Virtual Studio"文化创意在线虚拟工作室系统平台等,吸引文化科技企业集聚。

第三,城市文化 IP 产品化、品牌化。上海大都市圈各城市已构建起以江南历史文化资源为基础、以城市共同体价值为引领、以国际化文化平台为载体的现代文化标志传播体系,并积极推进主打文旅融合、突出深度体验的城市文化形象营销推广策略,结合数字化、智能化时代下的城市文化形象营销新模式,通过各类线上平台赋能城市文化形象推广,推进城市IP 的品牌化进程。

2. 市场发展多元化

上海大都市圈文化市场规模持续扩大,已形成兼收并蓄、开放平稳、繁荣多元的社会主义文化市场体系。

一是电影市场发展加速。上海大都市圈各城市积极培育各类电影制作主体,电影制作机构数量显著增长。如无锡着力打造国家数字电影产业园,预计到 2025 集聚电影制作及相关企业达到 2 000 家以上,实现电影及相关产业产值超 300 亿元。上海通过提升"一带一路"电影节联盟、上海国际电影节、丝绸之路国际艺术节联盟等合作机制影响力,加强教育、文化、旅游、卫生、科技、智库合作与交流;电影票房每年保持快速增长,影院和银幕数量、观影人次持续增加;农村流动电影放映队实现了放映设备数字化转换。

二是文化演艺市场发展加快。文化演艺市场的发展近年来在上海大都市圈呈现出历史新高。根据大麦网 2019 年 12 月的实时文化演出场次数据,上海市区集中了上海大都市圈内 70% 的文化演出,总共举办 405 场次,表明上海市区文化活动的丰富度和多样性优势明显。与上海相比,其他城市市区的文化活动场次较少,如苏州市区场次为 60 次,宁波市区为

37次,无锡市区为23次,分列第二、三、四位。另外,苏州的张家港市、昆山市也进入十强,表明苏州市总体的文化活动丰富度较高。其他排名进入前十的还包括常州市区、嘉定区、舟山市区、南通市区。自杭州宋城取得成功后,2021年4月上海宋城在黄浦江畔亮相,通过游艺环节,将大型互动体验项目规划成旅游空间,打造了城市演艺新形态。

三是艺术品市场规模不断扩大。随着艺术品市场规模的不断扩大、市场主体加速成长,文化艺术品保税交易作为一种"保税+"新业态,对促进文化艺术品市场主体加速集聚、推动市场高效快速发展意义重大。作为佳士得全球第11个拍卖中心的上海借势自由贸易试验区发展,在国家对外贸易基地内建成3 000平方米的专业艺术保税仓库,开始进行保税艺术品拍卖活动。上海艺术博览会、上海春季艺术沙龙、上海城市艺术博览会、亚洲画廊艺术博览会、ART21当代艺术博览会、西岸艺术与设计博览会、上海国际设计创意博览会等艺术博览会品牌影响力不断增强。

四是对外文化贸易成效明显。国家对外文化贸易基地(上海)发挥其在入驻政策优惠、组织参展参会、搭建交流平台等方面的优势和功能。为做深做实国家文化发展战略,积极响应"一带一路"倡议,继续构建面向国际、国内文化要素市场,深入拓展文化贸易和版权贸易的发展与实现形式,不断延伸与拓展文化产业的价值链,促进授权项目与产品、服务、市场有机融合发展,做大做强文化贸易规模和增量,不断提升文化创意产业的影响力和附加值,上海基地下半年将开展中国文化产品营销年会、CCLF国际文化授权主题馆、中波文化贸易促进系列活动等三项重点活动。

(三) 文旅融合突破区域性

在文旅融合已上升为国家产业发展战略的背景下,上海大都市圈基于区域文化和旅游资源的丰富,在推进全域旅游、发展区域旅游一体化方面取得较大成绩。

1. 文旅融合发展快速推进

拥有着自然和人文景观类别齐全、文化和旅游市场建设及相关设施配备相对完善的先天基础优势,上海大都市圈各城市在长三角动漫产业合作联盟、长三角文创特展产业联盟、长三角红色文化旅游区域联盟、长三角文旅产业联盟、长三角影视制作基地联盟、长三角文化装备产业协会联盟等陆续成立的基础上,加快了文旅联动、区域旅游合作模式。

第一,文旅产业综合水平不断提高。上海大都市圈各城市文旅产业近几年发展呈上升趋势。由于 2020 年新冠疫情对旅游产业冲击巨大,不能作为一般规律,因此以下均采用 2019 年的数据。依据各城市 2020 年统计年鉴,上海大都市圈"1+8"城市的旅游收入水平比较均衡,除南通外,其他均已达到千亿元;接待游客总数达 120 466.8 万人次,星级饭店总数达 510 个以上。从全国层面来看,2019 年全国旅游总收入为 6.63 万亿元,上海大都市圈城市旅游总收入为 1.89 万亿元,占比 28.51%,达四分之一多。

表 3.16　2019 年上海大都市圈"1+8"城市旅游产业情况

	上海	无锡	常州	苏州	南通	宁波	湖州	嘉兴	舟山
国内游客数量(万人次)	36 141	10 236.93	7 947.05	13 374.1	5 271.1	14 076	13 197.6	11 971	6 844.2
国际游客数量(万人次)	897.23	60.955 7	19.85	235.12	19.85	76.215 1	25.9	57.113 1	15.625 2
2019 旅游总收入(亿元)	5 733.73	2 062.9	1 197.57	2 751.02	791.89	2 330.9	1 529.11	1 421.07	1 054.6
2019 三星级以上饭店数量(个)	185	34	23	70	17	102	31	48	

数据来源:上海大都市圈"1+8"城市 2020 年统计年鉴。

第二,文旅产品不断丰富。近年来,上海大都市圈各城市实施"文化+"发展工程,创新开发新业态、新产品,重点加强红色旅游教育基地培育,推进红色旅游向文化、教育等融合发展。如上海红色旅游景区有 34 个;湖州打造南太湖文旅融合发展带,集聚一批具有国际影响力的文化旅游项目,探索建立"莫干山旅游经济特区",做大做强世界乡村旅游小镇、丝绸小镇、湖笔小镇、太湖演艺小镇等一批特色小镇集群;常州打造"绝色江南·闲逸山水"产品集群、"江南门户·溯源运河"品牌等。

第三,数字文旅平台建设取得新进展。上海大都市圈各城市积极推进文旅数字化、信息化的建设,开展文旅数字化协同发展。如苏州在着力打造数字文旅中心,为率先建成全国"数字引领转型升级"标杆城市奠定基础;南通依托市智慧文旅平台,加快推进城市文旅智慧导览系统建设。

第四,旅游人才培养得到重视。上海大都市圈各城市在都将文旅人才培养写进了规划,部分城市已建立了比较完善的文化旅游人才整体培养模式,通过各项政策引进和培养了一批旅游规划、创意策划、市场营销、智慧旅游等文旅专业人才。

2. 开启文旅品牌的融合共建模式

借助长三角一体化发展的国家战略,上海大都市圈各城市积极结合各城市间优质文化资源互补,扩大江南文化的影响力。

第一,点对点协同建设旅游区。宁波共建大运河文化带和浙东唐诗之路,打造浙江大花园精品旅游带。无锡积极与常州市武进区深化合作,协同发展竺山湖生态旅游区,推动共建太湖湾科技创新带,协同打造世界级生态湖区和创新湖区,加快建设锡宜协同发展区,推进大拈花湾、溇村水乡、周铁总部园区等项目规划建设,打造长三角著名文化旅游休闲度假区等。嘉兴协同共建长三角生态绿色一体化发展示范区,强化与上海青浦、苏州吴江片区的示范协同,努力打造生态优势转化新标杆、绿色创新发展新高地、一体化制度创新试验田、人与自然和谐宜居新典范。

第二,积极探索协同打造文旅品牌。上海大都市圈各城市近年来在开展文旅活动时开始有意识地积极尝试城市间的合作与共同协办,组织承办各类重大赛事、文体活动、会展论坛等,联合开发文旅线路产品。如常州太湖湾与无锡拈花湾、苏州东太湖地区文旅资源的合作开发,联手打造"大运河世界遗产经典游""环太湖休闲度假精品游""江南古城古镇古村体验游"等文旅品牌,推出"旅游一卡通联名卡"。

四、上海大都市圈生态发展现状

(一) 全域生态资源多样丰富

1. 河湖水网分布密集

上海大都市圈呈现两山、一水、七平原的地理格局,在广阔的平原和山地丘陵间交错排布着江河湖海等丰富的水生态要素,形成"两江、六湖、一湾、十六河"的水网格局,具体包括长江和钱塘江两条主脉,太湖、阳澄湖、淀山湖、澄湖、滆湖和洮湖等六座湖泊,杭州湾,以及京杭运河、入海运河、九圩港、通吕运河、锡澄运河、望虞河、盐铁河、浏河、吴淞江、黄浦江、大治河、胥港塘、甬江、苕溪、胥河—南溪河、丹金溧漕河等十六条规模相当的河流。区域水系类型多样,有错综交叉的平原低洼圩田,也有蜿蜒曲折的山川丘陵水系,还有全域广布的河湖水网。分布密集的水网格局在上海大都市圈发展中发挥了供水给水、休闲旅游、交通运输、自然景观、防洪泄洪和水产养殖等多重功能,高达10.85%的水面率构造出了典型的江南水乡风貌。

表 3.17　上海大都市圈各城市河湖水网分布情况

城市	主要河湖水网
上海	长江、黄浦江、吴淞江、淀山湖、大治河、盐铁河、浏河
无锡	长江、太湖、京杭运河、锡澄运河、望虞河、胥河—南溪河
常州	太湖、南溪、京杭运河、滆湖、洮湖、丹金溧漕河
苏州	长江、京杭运河、太湖、淀山湖、阳澄湖、澄湖、滆湖、洮湖、望虞河、吴淞江
南通	长江、九圩港、通吕运河、入海运河
宁波	甬江、钱塘江、杭州湾
湖州	太湖、苕溪
嘉兴	太湖、京杭运河、钱塘江、杭州湾、胥港塘
舟山	杭州湾

2. 森林资源差异显著

森林资源的丰富程度直接影响区域生态平衡状况。近年来,在习近平生态文明思想、"两山"理论的指导下,上海大都市圈各城市森林资源持续增长,森林覆盖率均呈向好趋势,有助于提升和改善区域生态状况。从整体看,各城市间森林覆盖面积和比率差异显著,主要可以分为三类(见图3.3):第一类包括湖州、宁波和舟山3座城市,森林覆盖面积高达全市土地总面积的1/2左右,是全国森林覆盖率的2倍多;第二类是苏州和嘉兴,森林覆盖率较低,仅为12%左右;第三类属于中等水平,上海、无锡、常州和南通森林覆盖率基本保持在17%—21%之间。为倡导和鼓励城市森林建设,2004年国家林业局制定和启动了"国家森林城市"评选,上海大都市圈9个城市中已有6个陆续入选,代表着这6个城市生态系统以森林植被为主体,覆盖率、森林生态网络、森林健康等指标均已达到较高水准。

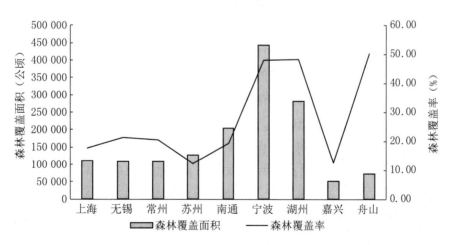

图3.3　2019年上海大都市圈森林资源情况

注:嘉兴和舟山森林覆盖面积根据森林覆盖率计算获得。

数据来源:《2019年浙江省生态环境状况公报》;《湖州统计年鉴(2020)》;《中国统计年鉴2020》;无锡、常州、苏州和南通森林覆盖率数据来源于江苏省林业局(http://lyj.jiangsu.gov.cn/col/col48234/index.html)。

表3.18　上海大都市圈国家森林城市入选情况

城 市	上海	无锡	常州	苏州	南通	宁波	湖州	嘉兴	舟山
森林城市	否	是	是	否	是	是	是	否	是
入选时间	—	2010	2016	—	2018	2010	2013	—	2018

3. 生物多样性突出

　　生物多样性是动物、植物和微生物与自然环境形成的复合生态系统，是区域生态安全的保障。上海大都市圈地处亚热带，位居长江三角洲，属于陆地生态系统、海洋生态系统和河流生态系统交汇地带，拥有江、河、湖、海、湿地、森林等多类型生境。温暖潮湿的气候、优越的地理条件和丰富的生境类型适宜多种动植物生产和栖息，为这个区域孕育了丰富的生物资源，特别是植物种类繁多。

表3.19　上海大都市圈部分城市生物多样性情况

城市	生物多样性情况	发布时间
上海	淡水鱼类300多种；鸟类438种；两栖动物14种、爬行动物36种、哺乳动物42种；野生维管束植物780种（蕨类植物35种、被子植物745种）	2013年
无锡	鱼类72种；鸟类185种；两栖爬行类25种；维管束植物844种	2014年
南通	两栖动物8种，哺乳动物16种；苔藓植物15种、蕨类植物16种、裸子植物32种、被子植物1002种；昆虫929种	2018年
宁波	裸子植物59种、被子植物1407种；陆生野生动物438种	2020年

　　注：基于生态环境保护工作的进展、侧重点等差异，各城市生物多样性建设和物种保护工程的启动时间有所不同，常州、苏州、嘉兴、湖州、舟山等城市尚处于生物多样性本地调查观测和评估中。

　　资料来源：《上海市生物多样性保护战略与行动计划（2012—2030年）》；《南通市生物多样性保护规划（2017—2030年）》；《无锡市生物多样性怎么样》（无锡市生态湿地保护建设研究会，http://www.wxshidi.com/zhishi/zhishi25.html，2020年11月3日）；《宁波市生物多样性保护，你了解多少？》（宁波生态环境局，http://sthjj.ningbo.gov.cn/art/2020/5/12/art_1229051315_52549626.html，2020年5月12日）。

4. 自然保护区类型多样

自然保护区可以为重要的生态系统和珍稀物种建立保护屏障和措施。上海大都市圈已建立自然保护区 23 个,总面积共计 245 114.14 公顷,占区域总面积的 4.539%,其中有国家级自然保护区 6 个、省级自然保护区 7 个、县级自然保护区 10 个,初步形成了类型较为齐全、功能相对完善的自然保护区网络。从类型看,其中有野生动物、野生植物、森林生态、湿地和海洋海岸保护区,以及古生物和地质遗迹等。

表 3.20 上海大都市圈自然保护区情况

城市	保护区名称	面积 (公顷)	主要保护对象	类型	级别
上海	九段沙湿地	42 020	河口型湿地生态系统、发育早期的河口沙洲	内陆湿地	国家级
	金山三岛	1 044	海岛生态系统、常绿阔叶林、常绿落叶阔叶	海洋海岸	省级
	崇明东滩鸟类	24 155	湿地生态系统及珍稀鸟类	野生动物	国家级
	长江口中华鲟	69 600	中华鲟等珍稀鱼类	野生动物	省级
无锡	龙池山	123	常绿落叶阔叶混交林及金钱松、天目玉兰等	森林生态	省级
常州	上黄水母山	40	中华曙猿及其伴生哺乳动物化石	古生物遗迹	省级
	天目湖湿地	643.3	湿地生态系统	内陆湿地	县级
苏州	光福	60.67	北亚热带常绿阔叶林	森林生态	县级
南通	海安沿海防护林和滩涂	9 113	条斑紫菜、文蛤等前海水产品及沿海防护林	海洋海岸	县级
	启动长江口北支	21 491	典型河口湿地生态系统及白鹳、中华鲟等珍稀动物	野生动物	省级
宁波	花岙岛	5 490	海蚀地貌、卵石滩及沙滩	地质遗迹	县级
	灵岩山	1 050	常绿阔叶林及千丈岩景观	森林生态	县级

续表

城市	保护区名称	面积 （公顷）	主要保护对象	类型	级别
宁波	檀山头岛	8 030	海洋海岸生态系统及人文景观	海洋海岸	县级
	象山红岩	460	海蚀地貌、卵石滩及沙滩	地质遗迹	县级
	象山韭山列岛	48 478	大黄鱼、曼氏无针乌贼、江豚、鸟类及岛礁	海洋海岸	国家级
湖州	八都芥	250	银杏及其生境	野生植物	县级
	白岘洞山	2 801	洞山罗芥茶、溶洞	野生植物	县级
	顾渚山	2 600	紫笋贡茶、人文历史遗迹	野生植物	县级
	长兴地质遗迹	275	全球二叠—三叠系界线层型剖面、长兴阶层剖面	地质遗迹	国家级
	长兴扬子鳄	122.67	扬子鳄及其生境	野生动物	省级
	安吉小鲵	1 242.5	安吉小鲵以及银缕梅等珍稀濒危植物	野生动物	国家级
嘉兴	九龙山	5 525	黑麂、黄腹角雉、伯乐树、南方红豆杉等野生	森林生态	国家级
舟山	五峙山列岛鸟类	500	黄嘴白鹭、黑嘴端凤头燕鸥等鸟类	野生动物	省级

资料来源：中华人民共和国生态环境部：《全国自然保护区名录》，http://www.mee.gov.cn/ywgz/zrstbh/zrbhdjg/201905/P020190514616282907461.pdf，2019 年 8 月 14 日。

除针对生态系统完整性和原真性的自然保护区模式外，中国还有以风景名胜区为代表的自然文化综合保护模式①。其以优美的生态环境为基础，强调自然与文化、人与环境的和谐融合，能有效保护动植物、山川水系等生态系统。上海大都市圈共有 5 个国家级和 13 个省级风景名胜区，

① 刘秀晨：《风景名胜区是中国自然保护地体系的独立类型》，《中国园林》2019 年第 3 期。

总面积共计 144 175.9 公顷,占区域总面积的 2.67%。其中上海和常州尚
无国家级和省级风景名胜区。

表 3.21　上海大都市圈风景名胜区情况

城市	风景名胜区名称	面积(公顷)	级别
无锡	太湖风景名胜区	90 223	国家级
苏州	枫桥风景名胜区	10	省级
	虎丘山风景名胜区	475.9	省级
	虞山风景名胜区	4 200	省级
南通	狼山风景名胜区	1 127	省级
	濠河风景名胜区	1 040	省级
宁波	雪窦山风景名胜区	5 500	国家级
	天童—五龙潭	5 900	省级
	东钱湖	6 000	省级
	鸣鹤—上林湖	5 100	省级
湖州	莫干山风景名胜区	3 600	国家级
	下渚湖风景区	3 700	省级
	天荒坪风景名胜区	3 100	省级
嘉兴	海盐县南北湖	2 700	省级
舟山	普陀山风景名胜区	4 800	国家级
	嵊泗列岛风景名胜区	3 700	国家级
	桃花岛	1 200	省级
	岱山风景名胜区	1 800	省级

(二)环境整体发展趋势向好

1. 环境污染治理成效显著

上海大都市圈各城市深入贯彻习近平生态文明思想,持续攻坚克难
治理环境污染问题,相较以往水、土、气等环境质量均有明显改善。

表 3.22　2019 年上海大都市圈环境污染治理成效

城市	环境治理成效
上海	大气环境治理:本市环境空气中 PM2.5 达到国家环境空气质量二级标准; 水环境治理:全市主要河流水质较 2018 年有所改善,考核断面中劣 Ⅴ 类比例下降至 1.1%;在用集中式饮用水水源地水质全面达标;地下水环境质量和海洋环境质量总体保持稳定; 其他环境指标:农用地土壤环境质量总体较好;区域环境噪声有所改善;辐射环境质量保持正常水平
无锡	大气环境治理:春夏季臭氧污染防治专项行动和秋冬季大气污染防治聚焦行动成效显著;关停燃煤热电机组 5 台 223 MW,累计减煤 199.7 万吨; 水环境治理:全面完成市区 41 条黑臭水体整治任务,比省定目标提前一年,长广溪入选全省首批"生态样板河湖";实施完成 301 项治太重点工程。启动太湖一二级保护区城镇污水处理厂和六大重点行业新一轮提标改造,高新水务新城水处理厂提标至地表水准 Ⅲ 排放标准,为全省首家
苏州	水环境治理:实施太湖流域六大重点行业提标改造,全面完成 14 家企业淘汰或搬迁、21 家重点行业企业和 32 家工业类污水处理厂提标改造任务;完成 4.5 万亩太湖围网清拆工作,整治太湖沿岸 3 千米范围内池塘面积 7.78 万亩;入江直排口从 16 个削减至 10 个,每年减少直排长江污水约 600 万吨; 大气环境治理:年度共实施治气重点工程 711 项,完成率 100%; 其他环境指标:完成 4 个污染地块的土壤治理修复工作,持续开展危险废物"减存量、控风险"专项行动,年内库存降至 4 万吨,为历史最低
南通	大气环境治理:PM2.5 浓度连续三年全省最低,优良天数比例连续两年全省最高;空气质量优良天数比例 80.8%,是全省唯一超过 80% 的城市; 水环境治理:省级考核以上断面水质优 Ⅲ 类比 2018 年上升 19.4 个百分点;水质改善幅度居全国重点城市第 17 位,创"水十条"实施以来最好成绩
宁波	水环境治理:2019 年主要水源地水质保持优良,地表水水质优良率稳步提升;化学需氧量和氨氮排放量分别为 3.05 万吨和 0.85 万吨,超额完成省政府下达的减排目标; 大气环境治理:环境空气质量保持稳定态势,PM2.5 浓度持续走低;全市二氧化硫和氮氧化物排放量分别为 1.52 万吨和 2.91 万吨,超额完成省政府下达的减排目标

续表

城市	环境治理成效
湖州	大气环境治理:2019 年全市大气环境总体良好,其中市区 PM2.5 浓度较 2018 年下降 8.6%,下降幅度位居全省第一,在浙北地区和环太湖城市中浓度最低,全市域首次达到国家二级标准要求; 水污染治理:13 个国控监测断面全部达到国家"十三五"目标考核要求;水质达到或优于地表水环境质量标准Ⅲ类标准的县控以上水质监测断面比例为 100%;全市主要水系东苕溪、西苕溪、长兴水系、东部平原河网、城市内河水质状况均为优;主要入太湖口水质监测断面连续 12 年达到或优于Ⅲ类水质标准
嘉兴	水环境治理:全市 73 个市控以上地表水监测断面水质与 2018 年相比,Ⅲ类及以上水质断面比例上升了 24.7 个百分点,Ⅳ类水质断面比例下降 24.7 个百分点,Ⅴ类水质断面比例无变化,主要污染物高锰酸盐指数、氨氮和总磷年均浓度分别下降了 10.0%、17.6% 和 1.7%;全市饮用水水源地中Ⅱ类水质为 1 个,Ⅲ类水质为 7 个,同比有 1 个水质类别出现改善,水质达标率为 91.3%,同比增加 14.0 个百分点;全市跨行政区域交接断面水质年度考核结果为优秀; 大气环境治理:市区环境空气细颗粒物(PM2.5)年均浓度同比下降 5.4%,全年优良天数比例同比持平

资料来源:各城市 2019 年生态环境公报。

2. 水环境质量呈等级化态势

上海大都市圈各城市地表水环境质量差异显著。依据国务院《水污染防治行动计划》标准检测地表水断面,2019 年上海不仅有 1.1% 的劣Ⅴ类水质断面,且Ⅳ—Ⅴ类水质断面占比超过 50%,湖州全市地表水水质最好,Ⅰ—Ⅲ类水比例 100%,定性评价为优。从城市隶属省份分析,浙江省的城市水质相对较好,宁波、湖州和舟山已有水质断面检测为Ⅰ类水,舟山与湖州无Ⅴ类水,嘉兴和宁波Ⅴ类水不足 5%。江苏省水质相对较差,无锡、常州、苏州和南通地表水断面都无Ⅰ类,以Ⅲ类水为主,占比均高于 60%。上海大都市圈中地表水环境中主要污染物为总磷、氨氮和高锰酸盐指数。以全国为标准,上海大都市圈城市地表水质状况可以分为三级:第一级是湖州,全域地表水质均在Ⅲ类水及以上;第二级包括舟山、苏州、宁波和无锡,这些城市Ⅲ类及以上水质的占比超过全国平均水平,第三级是南通、常州、嘉兴和上海,这4座城市Ⅲ类水占比低于全国平均水平。上海大都市圈集中式饮用水源全部达标,均达到或优于Ⅲ类标准。

表 3.23　2019 年上海大都市圈各城市地表水环境质量情况

	城市	Ⅰ类	Ⅱ类	Ⅲ类	Ⅳ类	Ⅴ类	劣Ⅴ类	Ⅲ类及以上
	全国	3.90%	46.10%	24.90%	17.50%	4.20%	3.40%	74.9%
第一级	湖州	5.20%	51.90%	42.90%				100%
第二级	舟山	4.80%	52.40%	33.30%	9.50%			90.5%
	苏州		25%	62.50%	12.50%			87.5%
	宁波	2.50%	38.80%	42.50%	12.50%	3.80%		83.8%
	无锡			81.40%	18.60%			81.4%
第三级	南通		12.90%	61.30%	25.80%			74.2%
	常州		8.50%	63.80%	12.80%	12.80%		72.3%
	嘉兴		2.70%	63.10%	31.50%	2.70%		65.8%
	上海		48.30%	47.50%	3.10%	1.10%	48.3%	

资料来源:各城市 2019 年生态环境状况公报。

3. 大气环境质量参差不齐

上海大都市圈大气环境质量参差不齐。从空气质量指数(AQI)优良天数看,无锡、常州、苏州、南通、嘉兴和湖州均低于全国平均值,全年空气优良天数不足 300 天。其中,常州最差,尚未达到江苏省均值水平;浙江省所属城市中仅舟山市高于全省平均水平。从城市空气质量六项污染物指标看,上海大都市圈仅有二氧化硫(SO_2)年均浓度一项优于全国平均水平;一氧化碳(CO)年均浓度除无锡与全国平均值相等外,其余城市均优于全国均值水平。除舟山外,上海大都市圈其余城市二氧化氮(NO_2)和臭氧(O_3)年均排放浓度,均高于全国均值。上海与浙江省的 4 个城市细颗粒物(PM2.5)和可吸入颗粒物(PM10)排放浓度都优于全国均值,江苏省只有苏州和南通的 PM10 排放浓度低于全国均值。

表 3.24　2019 年上海大都市圈各城市大气环境质量

地区	AQI 优良天数比率（％）	PM2.5（微克/立方米）	PM10（微克/立方米）	SO₂（微克/立方米）	NO₂（微克/立方米）	O₃（微克/立方米）	CO（毫克/立方米）
上海	84.70	35	45	7	42	151	1.1
无锡	72.10	39	69	8	40	180	1.4
常州	69.90	44	69	10	37	—	1.2
苏州	78.80	39	56	6	43	163	1.1
南通	80.80	37	55	10	32	157	1.1
宁波	87.10	29	48	8	36	150	1.1
湖州	76.70	32	58	8	37	187	1.2
嘉兴	80	35	56	7	33	169	1.1
舟山	96.70	20	36	5	19	130	0.9
江苏	71.4	43	70	9	34	173	1.2
浙江	88.6	31	53	7	31	154	1
全国	82	36	63	11	27	148	1.4

资料来源:各城市、各省 2019 年生态环境状况公报。

4. 其他环境指标相对较好

上海大都市圈土壤环境整体相对较好,无锡、苏州、南通、宁波、嘉兴、湖州和舟山 7 个城市土地安全利用率为 100%,污染等级为"无污染"。上海尚处于污染地块安全利用率核算工作中①。常州指出至 2020 年底全市受污染耕地安全利用率争取达到 90% 以上,污染地块安全利用率达到 90% 以上。

---

　① 上海市生态环境局:《上海市生态环境局、市规划资源局联合组织本市污染地块安全利用率核算培训暨工作动员会》,https://sthj.sh.gov.cn/hbzhywpt1103/hbzhywpt5309/20200527/4ed6cf5199a54593b61c47fb616ae59d.html, 2020 年 5 月 30 日。

表 3.25　2019—2020 年上海大都市圈土壤环境情况

城市	无锡	苏州	南通	宁波	湖州	嘉兴	舟山
达标率（%）	100	100	100	100	100	100	100
年份	2020	2019	2019	2019	2020	2019	2019

资料来源：各城市生态环境状况公报。

上海大都市圈声环境相对均衡，基于城市昼间区域声环境平均等效声级指标，没有城市达到一级，即没有城市获得评价为好，也没有四级和五级城市，即没有较差和差，主要为较好和一般两类。其中评价为较好、等级为二级的城市有 5 个，占 55.56%；评价为一般、等级为三级的城市有 4 个，占 44.44%；从具体分贝值来看，仅有常州和舟山低于全国平均水平。基于昼间道路交通声环境监测值，上海大都市圈城市均为好或较好。其中，等级为一级，即评价为好的城市 6 个，占区域的 66.67%；等级为二级，评价较好的城市则有 3 个，占比为 33.33%；从具体分贝值来看，仅有苏州和舟山低于全国平均水平。总体，上海大都市圈声环境质量评级高，但其分贝值尚待降低。从省级层面看，江苏仅有苏州的区域环境噪声和道路交通噪声均优于全省平均水平，浙江仅有舟山是如此。

表 3.26　2019 年上海大都市圈昼间区域环境噪声情况[①]与道路交通声环境质量[②]

地区	昼间区域环境噪声		昼间道路交通噪声	
	平均等效声级（分贝）	强度等级	平均等效声级（分贝）	强度等级
上海	54.9	二级	68.3	二级
无锡	56.5	三级	68.6	二级
常州	53.7	二级	67.3	一级
苏州	54.6	二级	66.4	一级
南通	57.7	三级	67.7	一级
宁波	56.5	三级	68.9	二级
湖州	55.3	三级	67.2	一级
嘉兴	51.7—54.9	二级	62.0—67.7	一级

续表

地区	昼间区域环境噪声		昼间道路交通噪声	
	平均等效声级（分贝）	强度等级	平均等效声级（分贝）	强度等级
舟山	51.5	二级	64	一级
江苏	55.2	二级	67	一级
浙江	54.4	二级	67.6	一级
全国	54.3	二级	66.8	一级

注:① 昼间区域声环境平均等效声级小于或等于 50.0 分贝为好（一级），50.1—55.0 分贝为较好（二级），55.1—60.0 分贝为一般（三级），60.1—65.0 分贝为较差（四级），大于 65.0 分贝为差（五级）。

② 昼间道路交通声环境平均等效声级小于或等于 68.0 分贝为好（一级），68.1—70.0 分贝为较好（二级），70.1—72.0 分贝为一般（三级），72.1—74.0 分贝为较差（四级），大于 74.0 分贝为差（五级）。

资料来源:《中国 2019 年环境公报》《2019 年度江苏省生态环境状况公报》《2019 年度浙江省生态环境状况公报》及各城市 2019 年生态环境状况公报。

（三）绿色低碳发展已成主流

中国经济进入高质量发展阶段,强调以生态与经济协调发展为核心,以技术和管理为手段,通过提升效率实现资源最大化利用,以及节能降耗、环境最小化干扰。以下从能源消耗与污染排放两方面测度上海大都市圈绿色生产状况。

1. 单位产值能耗优于全国平均水平

能源消耗选取能源消费总量与单位产值能耗刻画区域产业发展的节能水平。从省级层面看,上海是上海大都市圈能源消费的主力之一,约占总量的 34.64%。隶属于江苏省的 4 座城市能源消费量为 16 231.62 万吨标准煤,约占总量的 48.07%。浙江 4 市能源消费量是 5 834.118 2 万吨标准煤,约占总量的 17.28%。从城市层面看,无锡、常州、苏州和南通能源消费总量是江苏省的 49.9%;宁波、湖州、嘉兴和舟山能源消费总量是浙江省的 26.05%。上海大都市圈各城市间能源消费总量差异显著,能源消费量最高的是上海市,其次是苏州,最低的是舟山。能源消费量最高的上海约为消费量最低的舟山的 25.78 倍,不同城市产业结构和类型差异是原因之一。从单位产值能耗指标分析,上海大都市圈均值为 0.344 8,显著优于全国平均水平。其中,宁波、南通和常州属于第一梯队,单位产值能耗较低;上海和无锡属于第二梯队,单位产值能耗接近上海大都市圈均值;苏州、湖州、嘉兴和舟山属于第三梯度,单位产值能耗相对较高。从省级尺度看,江苏省 4 个城市单位产值能耗均值为 0.306 5 吨标准煤/万元,浙江省 4 市均值为 0.385 1 吨标准煤/万元,上海处于两者之间。

表 3.27　2019 年上海大都市圈能源消耗情况

地区	能源消费量(万吨标准煤)	单位产值能耗(吨标准煤/万元)
上海	11 696.46	0.337
无锡	4 022.785 7	0.339
常州	1 855.548 4	0.251
苏州	9 002.786 8	0.468
南通	1 350.5	0.168
宁波	2 954.891 4	0.166 9
湖州	882.64	0.46
嘉兴	1 542.852 7	0.435
舟山	453.734 1	0.478 3
总计	33 762.199 1	—
江苏	32 525.97	—
浙江	22 392.77	—
全国	487 000	0.545 4

注:全国 2020 年统计年鉴中仅有 2018 年单位产值能耗,依据 2019 年降低率测算 2019 年单位产值能耗值。无锡、常州、苏州与南通单位产值能耗依据统计年鉴中能源消费量测算。

数据来源:全国、江苏、浙江、上海、宁波、湖州、嘉兴和舟山数据直接源于各级统计年鉴。

2. 污染排放量大但废物综合利用率较高

区域污染排放主要选取工业“三废”排放量及工业固体废弃物利用率等指标测度。上海大都市圈工业“三废”排放总量均高于浙江省,工业固体废弃物产生总量约为浙江的 1.72 倍,工业废水排放量是浙江的 1.24 倍左右,工业废气排放量约为浙江的 1.82 倍。从省级层面看,隶属于江苏省的 4 个城市工业"三废"排放量明显高于浙江省的 4 个城市,其中江苏 4 市工业固体废物产生总量为 5 129.19 万吨,是浙江 4 市的 2.32 倍,工业废水约为 1.59 倍,工业废气为 2.11 倍。从城市层面看,苏州工业"三废"排放量均为区域最高,其次为上海;舟山则是工业"三废"排放量最小的城市,其次是湖州。苏州工业固体废弃物产生量约是舟山的 15.73 倍,工业废水排放量是舟山的 25.27 倍左右,工业废气约为舟山的 24.96 倍。总体上,江苏省下辖的 4 个城市工业"三废"排放量不仅高于浙江 4 市,而且工业固体废弃物和废气排放量分别占浙江全省的 96.5% 和 92.52%。上海大都市圈工业固体废弃物综合利用率均高于 90%,其中上海、嘉兴与宁波相对较低,而舟山、湖州和常州相对较高,均在 99.5% 以上。

表 3.28   上海大都市圈工业"三废"排放处理及综合利用情况

地区	工业固体废物产生量（万吨）	工业固体废物综合利用量（万吨）	工业固体废物综合利用率(%)	工业废水排放总量（万吨）	工业废气排放量（亿标立方米）
上海	1 825.98	1 673.47	91.65	34 100	15 016
无锡	1 102.19	1 061.01	95.90	19 839.14	8 561.48
常州	675.92	673.37	99.60		
苏州	2 764	2 661	96.27	36 586	18 306
南通	587.08	578.96	96.31	13 653	3 509.64
宁波	1 183.95	1 174.31	94.60	15 622.62	7 529.20
湖州	249.59	248.91	99.69	7 786	2 163.86
嘉兴	596	557	93.46	19 104	3 959
舟山	175.68	175.52	99.90	1 448	733.54
总计	9 160.39	8 803.55		148 138.76	59 778.72
浙江	5 315	5 013	93.80	119 583	32 834

注:可获得的全国指标至 2017 年,江苏指标至 2018 年,因而未列入表中。苏州、嘉兴和舟山的工业固体废物综合利用率依据产生量和综合利用量计算获得。

数据来源:浙江省统计年鉴、各城市统计年鉴。

（四）绿色生活建设初具规模

绿色生活是美丽中国建设的重要内容,是人民群众的物质文化生活逐渐被满足后,人民对"呼吸上新鲜的空气、喝上干净的水、吃上放心的食物、生活在宜居的环境中、切实感受到经济发展带来的实实在在的环境效益"①的生态需求。以下主要从污染治理和城市绿化两方面刻画上海大都市圈绿色生活的建设水平。

1. 生活垃圾无害化处理率高于全国

区域污染治理状况以生活垃圾无害化处理与污水处理两项指标来测度。上海大都市圈生活垃圾清运量为 1 684.59 万吨,处于浙江省和江苏省之间,约占全国总量的 6.96%。上海大都市圈生活垃圾无害化处理比率达 100%,高于全国平均水平。从省级层面看,上海生活垃圾清运量最高,约为江苏 4 市生活垃圾清运量(625.97 万吨)的 1.2 倍,浙江 4 市生活垃圾清运量(307.97 万吨)的 2.44 倍。江苏 4 市生活垃圾清运量占全省总量的 34.59% 左右,浙江 4 市则仅占全省总量的 20.13%。从城市层面看,上海大都市圈生活垃圾清运量均值为 187.18 万吨,南通、湖州、嘉兴和舟山远低于均值;无锡、常州与宁波同样低于均值,但其差距相对较小;上海和苏州高于均值,生活垃圾清运量最高的上海是最低值舟山的 21.7 倍。

2. 污水处理率水平较高

上海大都市圈污水排放总量为 472 561 万立方米,接近江苏省污水排放总量,是浙江省污水排放总量的 1.39 倍,约为全国总量的 8.52%。不同于生活垃圾,上海大都市圈污水处理尚未实现 100%,上海、苏州、南通、舟山等城市污水处理率甚至低于全国平均水平。从省级层面分析,上海污水排放量最高,约为江苏 4 市污水排放总量(165 090 万立方米)的 1.35倍,约为浙江 4 市污水排放总量(83 893 万立方米)的 2.66 倍。江苏 4 市污水排放总量约占全省的 34.92%,浙江 4 市污水排放总量约占全省的

---

① 习近平:《在省部级主要领导干部学习贯彻党的十八届五中全会精神专题研讨班上的讲话》,人民出版社 2016 年版,第 20 页。

24.6%。从城市层面看,上海大都市圈各城市污水排放量均值为 52 506.78 万立方米,上海、苏州和宁波 3 个城市污水排放量高于区域均值,其余城市均低于区域均值,其中无锡和常州污水排放量超过了区域均值的 1/2。南通、湖州、嘉兴和舟山污水排放量尚不足均值的一半。上海的污水排放量最多,约是污水排放量最少的舟山 47.37 倍。

表 3.29　2019 年上海大都市圈生活垃圾与污水处理情况

地区	生活垃圾清运量 (万吨)	生活垃圾无害化 处理比率(%)	污水排放量 (万立方米)	污水处理率 (%)
上海	750.65	100	223 578	96.27
无锡	176.15	100	39 169	98.52
常州	110.40	100	29 591	97.4
苏州	296.12	100	71 985	96
南通	43.30	100	24 345	94.22
宁波	161.21	100	58 453	98.8
湖州	60.27	100	9 158	97.91
嘉兴	51.90	100	11 562	97.49
舟山	34.59	100	4 720	95.96
江苏	1 809.6	100	472 646	96.14
浙江	1 530.24	100	341 076	96.95
全国	24 206.19	99.20	5 546 474	96.81

数据来源:2019 年城市建设统计年鉴。

3. 绝大部分城市总体绿化覆盖率高于全国

选取建成区绿化覆盖率、绿地面积和人均公园绿地等指标测度上海大都市圈城市绿化发展水平。除上海和嘉兴外,上海大都市圈其余 7 个城市的建成区绿化覆盖率均高于全国平均水平。江苏省 4 个城市间建成区绿化覆盖率差别较小,相对平稳,但仅有南通高于全省平均水平。相对而言,浙江省 4 个城市间绿化覆盖率差别较大,既有上海大都市圈城市中建成区绿化覆盖率最高的湖州,又有较低的嘉兴,且除嘉兴外,其余城市均高于全省水平。

上海大都市圈绿地总面积达 264 570 公顷,占全国绿地总面积的 8.39%,是江苏省绿地总面积的 88.62%,是浙江省绿地总面积的 1.54 倍。从省级层面看,上海大都市圈内上海绿地面积最大,约为江苏省 4 市绿地总面积(64 690 公顷)的 2.44 倍,是浙江省 4 市绿地总面积(42 095 公顷)的 3.75 倍。此外,江苏省 4 市绿地总面积占全省绿地总面积的 21.67%,浙江省 4 市约占全省绿地总面积的 24.43%。从城市层面分析,上海大都市圈各城市绿地面积均值为 29 396.7 公顷,除绿地总面积最大的上海外,其余城市均低于均值,湖州的绿地面积最小,仅为上海的 3.45%。

上海大都市圈人均公园绿地各城市差别显著,人均公园绿地面积最大的南通与面积最小的上海之间相差 11.36 平方米。从省级层面看,江苏省的苏、锡、常 3 市人均公园绿地面积均低于全省平均水平,浙江省则相反,仅有宁波的面积小于全省均值。以全国均值为标准,上海、苏州、常州和宁波等城市的人均公园绿地状况均低于全国平均水平,无锡、南通、湖州、嘉兴和舟山等 5 个城市则优于全国水平。

表 3.30 2019 年上海大都市圈城市绿化情况

城区	建成区绿化覆盖率(%)	绿地面积(公顷)	人均公园绿地(平方米)
上海	36.84	157 785	8.73
无锡	43.24	19 538	14.93
常州	43.25	11 934	13.39
苏州	42.09	22 347	12.20
南通	44.4	10 871	20.09
宁波	41.69	15 861	13.92
湖州	46.38	5 443	18.03
嘉兴	39.08	6 641	15.31
舟山	42.05	14 150	16.74
江苏	43.38	298 531	14.98
浙江	41.46	172 280	14.03
全国	41.51	3 152 893	14.36

数据来源:2019 年城市建设统计年鉴。

（五）生态环境治理效果明显

1. 生态示范区建设卓有成效

国家级生态示范区是生态环境部为了促进区域经济社会与生态环境保护协调发展,对生态示范区建设过程中有突出成绩的单位给予表彰的称号。其考核验收有农民年人均纯收入、单位 GDP 能耗、森林覆盖率、秸秆综合利用率、城镇大气环境质量等 26 项指标,全面涉及了社会、经济、生态、环境等多领域,包括农村与城市。上海大都市圈生态示范区建设卓有成效,9 个城市均有下辖区县入选国家级生态示范区,特别是舟山市全域都入选。上海、无锡、常州、苏州、湖州、宁波、舟山被评为生态城市(生态园林城市)。

表 3.31　上海大都市圈中的国家级生态示范区

城市	国家级生态示范区	各城市下辖区县
上海	崇明区	16 区
无锡	江阴市、宜兴市	5 区 2 县市
常州	溧阳市、金坛区、武进区	5 区 1 县市
苏州	常熟市、张家港市、昆山市、吴中区、太仓市、吴江区	5 区 4 县市
南通	海门市、如东县、如皋市、启东市、海安市、通州区	3 区 5 县市
宁波	宁海县、象山县、镇海区、慈溪市	6 区 4 县市
湖州	安吉县、德清县	2 区 3 县
嘉兴	海宁市、桐乡市、平湖市、嘉善县、海盐县	2 区 5 县市
舟山	嵊泗县、定海区、普陀区、岱山县	2 区 2 县

2. 绿色生产生活建设方案齐全

上海大都市圈一直致力于发展绿色生产,主要包括以下几方面建设方案:第一,发展绿色农业,建设高标准现代农业园区、绿色食品基地、生态牧场等,以生产绿色优质农产品、无公害农产品和有机农产品;第二,推进产业绿色化发展,创建城市生态工业示范园、循环化改造示范试点园区、绿色产业集群、绿色工厂和绿色工业项目等,实现行业节能减排目标;

第三,引入和发展绿色产业,主要包括节能环保产业和新能源等采用清洁生产技术,高产出、低能耗、低污染的产业。

在促进绿色生产的同时,上海大都市圈积极打造宜居生活环境。第一,解决现有环境问题,主要包括提升空气环境和改善水环境,提高垃圾分类集中处理率等;第二,系统化打造和推进沿江沿海等多空间生态景观示范片区、生态廊道和生态景观带等建设,实现各地区绿地面积不断增多;第三,倡导和发展绿色社区、绿色家庭、绿色出行、绿色建筑。

3. 生态环境治理措施相对完备

面对区域环境污染和问题,上海大都市圈各城市采取了系列措施和行动,主要包括污染防治、生态保护、体制机制改革和其他这四方面。

表 3.32　上海大都市圈环境治理措施与行动

城市	污染防治	生态保护	体制机制改革	其　　他
上海	大气、水、土壤及地下水污染防治,排污许可管理,总量减排,固体废物管理,辐射安全管理,海洋环境保护,重点区域环境综合整治	农业农村生态环境保护、自然保护地监督管理	环保督察、"三线一单"编制与管理、环评制度改革、生态环境损害赔偿制度改革、机构改革、环境立法和执法、环境监测	应对气候变化、污染源普查、长三角区域协作、环境科技、环境信息化建设、国际合作、公众参与和监督
无锡	蓝天保卫战、碧水保卫战、净土保卫战		加强生态环境执法监管	加快环境基础设施建设,提升生态环境服务水平,解决督察、检查和披露问题的整改
苏州	大气污染治理、水污染防治、土壤污染防治	严格执法监管,加强环境管理,深化制度改革,成立苏州生态环境保护委员会,完善工作机制		修订完善《苏州生态环境提升三年行动计划》,参加长三角一体化生态示范区建设,增强对企业的服务能力

续表

城市	污染防治	生态保护	体制机制改革	其　他
南通	水污染、大气污染、土壤污染等防治、固体废物管理	自然生态修复	环境规划、环境许可、环境执法、环境监测与科技、环境应急	公众参与:建议提案办理、环境信访受理、环境宣传教育
宁波	加强空气污染治理,加强水环境保护,推进海洋水域整治和控制,推进土壤污染治理修复,强化噪声污染治理	推进生态文明建设示范,强化自然保护地	强化执法监管,强化水质考核断面、固废、农业农村面源污染等的监督管理,完善空气、海洋环境等监测,推进生态环境损害赔偿制度改革	
湖州	大气环境、水环境、土壤、固体废物、辐射环境治理与保护	生态文明建设	环境监督执法	建设项目管理、环境监测、环境宣传教育
嘉兴	碧水提升战、蓝天保卫战、净土持久战、清废攻坚战	启动国家生态文明建设示范创建	建立健全生态文明建设长效机制,生态环保督察执法,生态文明体制改革	推进长三角生态绿色一体化发展示范区建设、环境宣传教育、基础能力建设
舟山	水环境、海洋环境、空气环境、声环境、土壤环境等防治与保护	持续深化生态示范创建,强化生态系统保护	环境监管、环境执法	公众参与

资料来源:根据各城市 2019 年生态环境状况公报总结。

M4　全球城市区域视角下上海大都市圈内涵属性与目标愿景①

　　2017 年,《上海市城市总体规划(2017—2035 年)》(以下简称"上海2035")基于上海全球城市的定位,提出要适应全球城市区域协同的趋势,加强对周边的辐射带动作用,推动近沪地区协同发展。2017 年,国务院关于"上海 2035"的批复明确提出要充分发挥上海中心城市作用,加强与周边城市的分工协作,构建上海大都市圈。2018 年 4 月,《上海大都市圈空间协同规划》的筹备工作正式开展,作为探索更深层次、更多领域协同,引领长三角高质量一体化发展的示范样板,上海大都市圈规划编制得到了学术界与地方政府的高度关注,也始终存在学术逻辑与实践逻辑的冲突。

　　既有学术研究对都市圈的理解多以通勤圈为主,但这样的界定标准所形成的空间范围,既难以支撑上海引领区域发展的初衷,也难以回应周边城市强烈的协同诉求。实践中对上海及地区整体发展能级与内部关联的分析认为,这个区域并非传统的"都市圈"概念,而是承载了上海全球

　　①　本章内容编选自孙娟、屠启宇、王世营等:《全球城市区域视角下上海大都市圈内涵属性与目标愿景》,《城市规划学刊》2022 年第 2 期。

城市功能的功能性实体空间,不只是形态上的区域连绵,而是更为关注城市间商品物资流、要素流的关联度的"完整社会—经济组织单元"。这更符合全球城市区域理论的解读。

因此,本章以全球城市区域理论以及都市圈研究为基础,对二者研究起源、界定方法、实际作用和影响等进行比对,提出在当前语境下,国内以上海大都市圈为代表的、以全球城市为核心的都市圈,其内涵属性应该是地理邻近性和功能关联性兼备的区域,其空间边界也应该是两者的叠加与耦合。这超越了都市圈学术探讨的范畴,更侧重于区域治理视角下完整单元的协同谋划。基于这个视角划定上海大都市圈的规划范围,并构建具有广泛共识的目标愿景,以促进区域内城市多元价值的发挥,对以全球城市为核心的城市区域提出了理论应用的创新探索。

一、全球城市区域理论综述①

（一）全球城市区域理论

全球城市区域(global city region)由全球城市(global city)的概念延展而来,艾伦·斯科特(Allen Scott)在 2000 年第一次提出的全球城市区域概念,是"在全球化高度发展的前提下以经济联系为基础而由全球城市及其腹地内经济实力较为雄厚的二级大中城市扩展联合所形成的一种独特空间现象"。这个理论认为,真正足以支撑全球性枢纽的是具有地方根植性的全球城市功能性范围,从静态区域走向动态流动,重点强调了城市体系中个体间的相互联系。2006 年霍尔(Hall)等强调从功能链接出发,围绕欧洲的八大巨型城市区域,关注城市间人流、经济流关联度,强调巨型城市地区是多中心网络化的结构。泰勒用定量模型的方式深化了区域

---

① 文中关于全球城市区域多维度比较与上海大都市圈指标体系的内容,均来自《上海大都市圈空间协同规划》。该项工作于 2019 年 10 月正式开展,2022 年 3 月由苏浙沪两省一市人民政府批复。

研究的技术方法,用"互锁网络模型"(interlocking network model)的定量研究引入城市与区域科学,成为当前 GaWC 历年城市排行榜的重要理论支撑。

斯科特于 2019 年再次发表题为"城市区域的重新思考"的文章,认为"功能空间"新思想对都市圈超越城市辖区发展具有十分重要的指导意义,即都市圈内城市之间地理位置虽然分散,但是围绕着一个或多个大的中心城市,有密集的人流和信息流通过高速公路、铁路和电信网络在城市之间形成流动空间,从而形成功能性城市区域。这是新兴的认知文化经济所推动的发展,是经济因素在集聚过程、交易关系和城市内部空间价值化中的表达。

虽然全球城市区域为演化下的城市区域发展提供了新的理论阐释,提出了功能空间的概念,但是斯科特和霍尔等学者的研究并未针对全球城市区域范围界定做进一步的探讨,全球城市区域实体空间的界定方法与应用仍是空白。

(二) 都市圈理论与应用

都市圈概念最早产生于日本,是指城市通过对其周边地域辐射中心职能而发展,以城市为中心形成的职能地域,空间的蔓延性是都市圈的重要特征。木内信藏(1951)提出大城市圈由中心地域、城市周边地域和市郊外缘广阔腹地三大部分组成。日本行政管理厅明确以通勤和货物运输作为都市圈界定的标准。美国从 20 世纪 50 年代的"城市化地区(UA)"到 20 世纪 70 年代的标准都市统计区(SMSA)、标准一体化区域(SCA),一直延续通勤联系的定义理念。国内对于都市圈研究起源于 20 世纪 80 年代,以周一星等学者为代表,在长三角、珠三角等城镇密集地区展开探索,在界定方法上多沿用了国际上通勤联系、人口密度等核心指标。

从国内外实践可以看出,以通勤联系为基础的都市圈界定方法在一定时期有效指引了城市及其邻近地区的协同发展。然而,随着城市间各类信息流、经济流的扩散,通勤范畴并不能承载城市区域的协同发展需

求。日本的二全综中在 1968 年将 1958 年提出的"1+3"首都圈拓展至
"1+7"的完整行政单元;美国 2050 战略围绕共性发展方向提出十大超级
都市区(mega-regions);中国学者也基于实践提出都市圈空间范围界定应
包括空间、时间、流量和引力等多重要素。作为城镇化发展的高级形态,
都市圈在国家发展中的地位和作用不断凸显。在"双循环"的新发展格
局下,都市圈以城市间密切的分工协作成为参与国内国际双循环的基本
单元和参与全球竞争的重要载体。因此,政策层面逐渐从国土层面区域
性的协调政策、城市群政策,转为强调都市圈的发展。国家发改委正式出
台鼓励都市圈发展的相关指导意见,各地政府以都市圈规划编制的方式
将都市圈作为解决不平衡、不充分问题的重要抓手,探讨圈内协同发展的
方式。

从都市圈既有规划实践来看,存在着学术逻辑和实践逻辑的冲突。
国内都市圈规划范围规模在 2 万—20 万平方千米不等,整体上均突破了
通勤边界的界定方法。一方面是国情决定的"城市即区域",套用学术研
究的界定标准则大量都市圈难以成立。另一方面,国内现阶段广泛探讨
的都市圈,兼具发展与协调的双重责任,既需要解决内部相互关系,更需
要通过供应链、产业链、创新链的构建,实现可持续的共同发展。国内都
市圈的内在属性已经与国际上都市圈研究有本质差别,需要更好地辨析
新时代新语境下都市圈的内涵属性。

(三) 都市圈划定理论辨析

上海大都市圈是兼具全球城市区域和都市圈双重属性的区域,在以
全球城市为核心的大都市圈规划探讨中,全球城市区域理论与都市圈理
论提供了两个维度的研究支撑,但也存在明显的局限性。全球城市区域
聚焦功能性空间,更符合区域协同的发展实际,但仅构架了区域空间组织
的理论推演,对于空间边界的具体划定标准仍是空白。都市圈则聚焦延
续性空间,基于通勤联系并以通勤边界作为划定标准,但是无法满足全球
化、信息化时代区域协同的空间诉求(见表 4.1)。

表 4.1　全球城市区域与都市圈的区别

	全球城市区域	都市圈
研究对象	全球城市功能拓展的空间	城市周边紧密联系的地区
界定方法	无特定方法,沿用统计区概念	中心城市规模+外围地区向中心城区的通勤比例
目的	一是基于全球城市的功能拓展,探讨区域的价值导向;二是促进内部要素流动,提高节点价值	欧美:以统计概念为主,更好地配置资源解决内部问题;日本:配置公共服务与基础设施的单元
关注重点	功能关联性为主	地理邻近性为主

　　双循环格局下的都市圈,兼具发展与协调的双重责任,需要以更密切的产业、创新、商务等多元功能合作提升区域整体竞争力。首先,都市圈承载的是功能价值,可借鉴传统都市圈的划定思路,以"功能流"替代"通勤流",科学纳入部分网络关联的功能地域。其次,也需要关注传统都市圈空间范围。邻近地区与中心城市关联密切,需要从自然地理生态韧性和安全视角考虑生态流域系统的完整性,支撑区域可持续发展。最后,还需要转变规划思路,自上而下和自下而上结合,充分考虑城市主体的加入意愿,同时保障重要区域资源协同治理单元的完整性。(见图 4.1)从区域的本质和精神上来探讨都市圈的范围界定与共同目标实现,是对全球城市区域理论的实践突破,是全球城市区域和都市圈理论的应用创新,具有较强的现实意义。

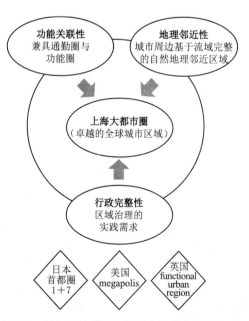

图 4.1　基于理论创新应用的上海大都市圈探讨

二、上海大都市圈的内涵属性

（一）已有研究对上海大都市圈空间边界的认识

1. 早期以行政政策为依据,关于范围界定的论述较少,更突出圈内分层发展的路径

1990—2015 年,在长三角城市群的研究基础上,以沈立人为代表的多位学者依据上海协作区、上海经济区等政策,提出上海大都市圈即长江三角洲核心 15 市的范围。高汝熹认为虽然两者范围一致,但上海大都市圈更体现了对标国际、打破管辖,与周边形成高度一体化的经济体。

这段时期的研究主要关注两个方面:一是上海大都市圈与纽约、东京、巴黎等都市圈的发展比较和推进建议。二是通过测度都市圈内部产业关联、经济联系等,在都市圈内部划分不同层级,据此提出促进都市圈发展的具体建议。如:徐长乐等提出,以上海为中心城市、南京和杭州为副中心城市,包括苏锡常通、宁镇扬泰和杭嘉湖、绍甬舟等 4 个次一级城镇群体的城市网络体系,共同建立一个包括国际化的金融贸易、调度化的加工工业、网络化的交通通信与现代化的高效农业的"多心组团、分层辐射"的都市经济圈。张春霞提出上海大都市圈即长江三角洲,处于国际性可比的考虑称之为都市圈,提出城市等级、经济总量、空间距离、经济联系等不同方法的层次划定。栾强等、罗守贵等提出都市圈内人流、物流、信息流强度的测度,以及完善交通基础设施的建议。

2. 强调聚焦近沪地区,大数据为支撑的定量测度广泛应用

一方面,在功能网络、巨型城市理论的影响下,关于上海大都市圈的多核心网络结构的研究兴起,以 1 小时的时空距离作为核心依据,探讨近沪地区的空间功能组织。如:陈小鸿等提出以 1 小时通勤界定都市圈,包括上海市中心城—新城—邻沪新市镇,形成差异化的交通组织。郑德高等提出上海大都市圈核心—近域—郊区—外围圈层的功能布局与演化特征,并基于 60 分钟和 90 分钟的时空距离和企业总部分支关联方法,统筹重大设施和历史文化渊源等要素,提出上海与周边 21 个县级单元的范围界定。蒋凯等以夜间灯光数据集、高德人口与通勤数据集为依据,提出包括苏锡通嘉等在内总计 2.8 万平方千米的研究范围。另一方面,以 LBS 为基础的通勤联系,成为判断都市圈空间边界的主要方法。如钮心毅等通过居住—工作双向通勤的方式,界定了上海紧密通勤范围即上海巨型城市区域,约 8 700 平方千米,认为上海与苏州、嘉兴等尚处于商务、生产的联系。持有类似观点的学者也提出了上海大都市圈应对标东京都市圈,形成一个 50—80 千米密集轨道交通网络支撑的区域,从传统的"太阳系式"模式转化成"八爪鱼式"模式的都市圈。无论采取哪种方法,既往的定量测度方法都已经颠覆了美欧都市圈以一定比例劳动人口往中心城市工作通勤来划定范围的做法。

(二) 全球城市区域视角的上海大都市圈内涵解读

从既有研究来看,对上海大都市圈的理解介于沪苏浙 16 市的"城市群"与近沪"都市区"两个层面。"上海 2035"提出的上海大都市圈更侧重于上海全球城市功能发挥的考量,提出了与周边城市共同探讨的建议。基于前文都市圈范围划定思路,综合地理邻近性、功能关联性与行政完整性三方面,确定上海大都市圈空间范围为 9 个城市的市域范围,包括上海及周边苏州、无锡、常州、南通、嘉兴、宁波、舟山、湖州共同构成的城市区域,陆域面积约 5.6 万平方千米,常住人口约 7 700 万人。

1. 地理邻近性:基于流域完整的自然地理邻近区域

从自然地理流域系统来看,这 9 个城市同属长江下游、杭州湾和太湖流域生态系统,自古以来水就是上海大都市圈的生命之脉。太湖流域"两溪入湖,八江通海、多支流汇聚"奠定了这里的水网脉络。在数千年的历史演替中,区域发展重心从环太湖到运河沿线、长江沿岸,再到沿海地区,区域核心城市不断变化,逐步形成了如今以上海全球城市为核心引领的全球城市区域。上海大都市圈 9 个城市基于自然的生态流域保护是系统和完整的,是一个水脉相依、人缘相亲的生命共同体。

上海大都市圈作为承载生态保护与安全韧性的完整单元,支撑区域可持续发展。面对全球气候政策、国家生态文明绿色发展的新理念,地处江海交汇的上海大都市圈,天然具有维护区域生态基底、提升生态环境品质的重要职责。需要相关城市共同努力,实现对长江口、东海海域、环太湖、环淀山湖、环杭州湾等重要区域的保护。同时,完整单元的建构,也是提升地区风险防御能力、提高粮食与能源安全稳定供给的重要途径。

2. 功能关联性:并非单中心通勤圈,而是关联紧密的功能圈

上海大都市圈不是简单的单中心通勤圈概念,周边城市到上海市区的通勤率仅在1%左右,上海核心城市真正意义上的通勤范围约为半径50千米,即基本集中在上海市域内,跨市通勤并不明显。在上海之外,其他城市的交通联系非常频繁,无锡-苏州、南通、嘉兴、宁波-舟山等地均存在30千米左右的通勤圈。因此,这个区域并不是传统学术意义上"以一个城市为中心的紧密通勤圈",而是以商务圈、休闲圈等多种人群往来为特征的,多中心、网络化的功能关联区域。

同时,上海大都市圈城市间功能关联分析也表现为一个经济高度发达且产业横向联动紧密的区域。依托多中心的共同发展,区域内整体经济水平达到相当规模,并形成了规模集群与近链组织的产业特征。在经济总量上,这个区域GDP超10万亿元,跻身世界发达经济体的行列。在产业关联上,表现为以联合申请专利为表征的创新链条中,上海、苏州、无锡等城市在制造-制造、制造-服务、服务-服务的专利合作数量占比相当,制造产业链呈现高度关联的规模集群特征,供应链近链组织的特征同样显著。

面对全球化的深度调整期,上海大都市圈作为内外双循环的基本单元,从职责上承载着参与国际竞争的国家责任,应关注到生产功能的完整性。既要充分考虑到后疫情时期"补链、强链"需求,也要关注到全球科技产业加速变革带来的经济重构,以及技术封锁对自主创新的必然要求。以产业链-创新链-供应链建构起紧密、高效的交流与合作,形成协同创新的发展效能,实现国际竞争力的突破发展。

3. 行政完整性:承载自下而上的协同诉求,实现区域发展的包容性

上海大都市圈的区域特色,还在于长久以来多元价值碰撞交融塑造出的价值认同。在上海大都市圈空间协同规划编制工作方案共议过程中,上海周边诸多城市表达了加入上海大都市圈的意向,从单打独斗到抱团发展的现实诉求迫切鲜明。为更好地实现平等协商、共同编制与后续的规划落实,上海大都市圈的空间范围的界定是一种自下而上共商共议达成共识的结果,也是一个根据主体意愿弹性可生长的开放边界。

三、上海大都市圈目标愿景

以基于上海、优于上海、超越上海为思路原则,对标先进的全球城市区域,以可持续发展、多元均衡化发展为共识,提出建设"卓越的全球城市区域"目标愿景,将上海大都市圈打造成为更具竞争力、更可持续、更加融合的都市圈。

(一) 以"三个上海"明确思路原则

1. 基于上海:认同核心城市的价值选择

作为全球城市的功能性实体空间,上海大都市圈首先要体现"上海2035"提出的创新、人文、生态三个维度发展内涵,作为各城市未来协作发展的共识基础,也是自下而上的契约。相比于上位统筹型的区域规划,上海大都市圈在边界划定的协商过程中,客观上反映了各城市认同上海价值、成立区域联盟的意愿,主动认同核心城市的价值选择,也反映了圈内高水平的治理能力。

2. 优于上海:从全球城市到大都市圈,配置更完整的能力

从上海1个都市到9个城市,这实现了空间范围的数倍扩展。这个尺度提供了更好的条件来优化生态环境、创新活力、人文资源条件、空间配置,能够更充分落实全球城市区域的目标内涵。上海大都市圈需要核心聚焦3个方面:一是突出区域生态共保在都市圈的价值排序,以可持续发展作为区域合作的基础与前提;二是将全球城市的创新目标进一步拓展,围绕上海顶级的生产服务与全球资本支配能力,思考构建区域高端制造体系和强大的内生创造力;三是更加均衡地发展,塑造共同的文化影响力。

3. 超越上海:强化对流与辐射,追求更高远目标

通过高效的要素流动实现区域分工协作,是全球城市区域的重要标志,也是区域内部城市的共同期待。为实现更高效的对流,需要硬件基础设施的建设与软件体系的融合保障,在开放网络中实现动态演化,激发更多的创新可能,实现在双循环新格局中,更好发挥节点链接作用、更高水平解决发展的不平衡与不充分、更高能级代表国家参与国际竞争。

(二)定位国际坐标提取发展共识

未来上海大都市圈需要在国际坐标系中发挥重要价值,以此为导向,通过对标东京首都圈、荷兰兰斯塔德地区、纽约都市圈等先进城市区域,提取可持续发展、创造多元机遇的发展共识。

1. 可持续发展是区域高度共识的价值选择

根据《布伦特兰报告》和《里约宣言》,可持续发展已经成为一种全球现象。理论层面,以凯利库斯蒂斯(Kairiukstis)为代表的专家提出,在大区域尺度落实可持续发展更有操作价值。实践层面,众多全球城市区域规划均在生态环境品质与服务供给能力方面持续推进,提出减少环境影响、抵御气候变化、增强环境适应力的策略目标。兰斯塔德地区提出确保安全和不受气候变化的影响,东京首都圈提出将共生融入视野以应对未来自然灾害,纽约都市圈将健康、可持续作为重要发展目标等。可持续发展的价值选择塑造了宜居的生活环境、前沿的文化品牌与氛围,成为区域持续吸引力的重要支撑,也是未来区域发展的价值选择。

2. 充满机会、繁荣同样是多元全球化格局下的重点

面对日趋激烈的国际竞争,全球城市区域作为各国重要的经济动力,承载着创造并引领发展的责任。从国际案例来看,全球城市区域关注区域的均衡发展、合作共赢。巴黎地区提出联结构建、实现极化与平衡的统一,东京首都圈关注圈内对流型区域的建设。因此,上海大都市圈既要突出全球城市的卓越发展,也要高度关注区域整体的经济繁荣,创造更多发展机会。挖掘培育城市多元价值,包括以 GDP 为代表的经济影响力,以自主创新为表征的科技影响力,以港口、航空等为代表的枢纽辐射力,以价值塑造为重点的文化影响力等核心维度。

（三）目标愿景:建设卓越的全球城市区域,成为更具竞争力、更可持续、更加融合的都市圈

基于理论支撑的都市圈独特价值认知以及先进区域的共性选择,上海大都市圈规划基于上海建设"卓越的全球城市"目标愿景,提出"建设卓越的全球城市区域"的共同目标。

1. 卓越的全球城市区域的内涵:区域共同的价值选择

城市区域是上海从行政性范围拓展至功能性范围的承载空间,卓越的全球城市区域,首先由上海全球城市的高度决定,因此,响应"上海2035"关于卓越全球城市的主要目标功能,并延伸至区域层面。具体内涵上,卓越指突出的创新演化能力,通过复杂系统的不断迭代以及多样化组织保持地区的整体活力。全球指全球性连接能力与影响力,需要培育全球生产、创新等核心功能网络中的关键节点,打造对外开放的重要支点。

2. 以创新引领塑造更具竞争力的都市圈

上海大都市圈创新水平和高端生产能力不断攀升,逐步向国际一流水平迈进,但外资主导的创新模式和整体附加值较低的生产模式也成为区域持续发展的重要制约。因此上海大都市圈应强化 4 类创新源为支撑的 14 个自主创新知识集群构建,实现基础与前瞻科研实力的整体提升;强化七大高端制造集群,实现关键技术自主可控和完备产业链的构建。

通过创新链与产业链的深度融合,着力构建内生型的供应链体系,引领上海大都市圈竞争力的提升。

3. 以共享共担实现更可持续的都市圈

上海大都市圈规划编制过程广泛征集了国内外专家和圈内居民意见。其中较为共同的观点认为,上海大都市圈既是参与全球竞争的重要单元,更是圈内 7 700 万居民美好的生活家园,需要共享共建更具适应性的生态环境、更具包容性的文化体系:以城市共同关注的"水环境"共保为主,构建区域清水绿廊与联防机制;关注绿色发展,争取先期实现"碳达峰""碳中和";聚焦区域韧性,保障粮食自给与能源供给安全;聚焦历史传承,探索遗产群共保与文化之路的振兴。

4. 以对流辐射建设更加融合的都市圈

要素对流是支撑全球城市发展的内在动力,通过人群与经济要素的高效对流实现协作分工,让不同价值区段的城市节点都能发挥独特价值并从中获益。从国际经验来看,都市圈城际轨道的建设对于区域紧密流动的促进有着最为显著的作用。因此,上海大都市圈规划提出推进"都市圈城际一张网"建设,通过新增线路与既有普铁线利用,实现每个区县单元与 10 万人以上城镇的轨道站点广泛覆盖,以促进圈内高效互联,直联直通,实现更加融合。

(四)指标体系:落实目标,体现区域协作与底线约束的双重性

1. 共同愿景下的指标维度确定

纽约、东京等都市圈规划的编制,以"目标—空间—系统—行动"的建议为主,指标体系较为弱化。上海大都市圈空间协同规划作为 9 个城市共同签订的发展契约,对于目标愿景的落实有更明确的要求,因此,规划以"卓越的全球城市区域"为根本出发点,以创新、人文、生态作为基本维度,综合考虑跨域协作的需要,增加了区域对流,构建了 4 个维度的指标体系。

2. 国际视野下的协作型指标体系建构

上海大都市圈规划一方面关注了全球城市区域发展水平的横向比较，提出分维度的关注重点，如：在创新方面，普遍强调先进制造与创新集群的发展水平；在文化方面，更加突出本土文化的影响力彰显等。（见表 4.2）另一方面，突破单一城市的局限性，提出合作型与底线型的两类指标，发

表 4.2　全球城市区域多维度比较

			英格兰	韩国	东海道	波士华	上海大都市圈
高端服务	GaWC城市数量	alpha	伦敦	首尔	东京	纽约、华盛顿	上海
		Beta	曼彻斯特、伯明翰	/	/	波士顿、费城	杭州、南京、苏州
		Gamma	布里斯托尔	/	大阪	巴尔的摩	/
		Sufficiency	5个	/	名古屋	/	宁波、无锡
		合计	9	1	3	5	4
先进制造	世界500强企业总部（全/制造企业）		20/8	16/11	51/25	31/13	8/4
创新集群	QS1000大学数量		64	30	27	43	8
文化输出	ICCA国际会议数量		313	252	269	189	82
枢纽支撑	机场吞吐量		2.55亿人次	1.5亿人次	1.66亿人次	>2.2亿人次	1.5亿人次
生态宜居	美世宜居指数		伦敦:41 伯明翰:49	首尔:77 釜山:94	神户:49 东京:49 横滨:55 大阪:58 名古屋:62	波士顿:36 纽约:44 华盛顿:54 费城:55	上海:103

数据来源：《上海大都市圈空间协同规划》目标愿景专题，2019 年。

挥区域合作与共同约束的双重引导作用。为体现上海大都市圈的引领作用,在指标设定方面提出了"就高不就低"的原则,在生态方面提出参照湖州地表水100%优良的要求,在创新发展方面则以上海的现状水平作为各地的基本考量。(见表4.3)

表4.3　上海大都市圈指标体系

维度	序号	指标项	单位	类型	2025年目标值	2035年目标值	2050年目标值
创新	1	全社会研究与试验发展(R&D)经费支出占地区生产总值的比例	%	底线型	落实各市"十四五"规划	≥4.0	达到全球领先水平
	2	国家重点实验室数量	个	合作型	55	≥65,多个具有世界影响力	达到全球领先水平
	3	高校在校大学生数量	万人	合作型	≥150	≥200	在2035年的基础上进一步提升数量与质量
	4	每万人口发明专利拥有量	件	合作型	≥35	≥40	达到全球领先水平
流动	5	城际和市域(郊)铁路密度	千米/万平方千米	合作型	约300	约800	约900
	6	港口水水和水铁中转比例	%	合作型	48	55—60	在2035年的基础上进一步提升
	7	航空旅客吞吐量	亿人次/年	合作型	1.7	3	达到全球领先水平
	8	区域骨干绿道总长度	千米	合作型	3 100	4 500	约5 700

续表

维度	序号	指标项	单位	类型	2025年目标值	2035年目标值	2050年目标值
生态	9	单位GDP能耗下降幅度	%	合作型	待国家下达任务后明确	50	在2035年的基础上进一步降低
	10	地表水水质优良（Ⅰ—Ⅲ类）水体比例	%	底线型	落实各市"十四五"规划	主要水体90	100
	11	环境空气质量（AQI）优良率	%	底线型	落实各市"十四五"规划	约85	约95
	12	碳排放总量	/	合作型	早于2030年实现碳达峰，早于2060年实现碳中和		
	13	原生垃圾填埋率	%	底线型	20	10	0
人文	14	世界文化遗产数量	处	合作型	3	≥4	≥5
	15	ICCA国际会议数量	场/年	合作型	115	130	在2035年的基础上进一步提升
	16	每10万人拥有的博物馆、图书馆、演出场馆、美术馆或画廊	处	底线型	8	10	≥14
	17	每千人口执业（助理）医师数	人	底线型	落实各市"十四五"规划	≥5	在2035年的基础上进一步提升

资料来源：《上海大都市圈空间协同规划》送审稿。

四、小结

　　建设全球城市区域,将是新时期中国强化区域协同发展、增强国际竞争力的重要方向。《上海大都市圈空间协同规划》作为新时代全国第一个都市圈国土空间规划,承担着先行先试的责任。该规划从全球城市区域和都市圈理论出发,创新了兼备地理邻近性和功能关联性,更侧重于区域治理视角下完整单元的都市圈空间界定思路。该规划围绕全球城市核心功能的客观诉求和区域共建"卓越的全球城市区域"目标愿景,进一步提出落实传导与协同指标,把上海大都市圈规划的制度性属性设定为各参与城市共商共享共担的协同规划,体现了中国特色的道路自信、理论自信和制度自信,可为新时代国内都市圈协同发展提供借鉴。

M5 巴黎大都市空间的记忆、制度和地域

本章的题目是想表达通过记忆来探讨城市地域及其制度和名称问题。有关记忆的问题之所以重要,是因为它们与历史本身有关:不仅仅是讲述历史的方式,还是一个与地域的身份认同和空间使用归属相关的问题。它是由那些了解地域空间、在空间中实践并参与塑造空间的人们所共同构建的。本章通过这个角度来谈及巴黎大都市的各种可能性。这也提供了一个机遇,可以将以往一些研究中的观察与思考串联起来,并对观点进行反思。

一、何谓巴黎

"镜像巴黎——法兰西岛大都市区"项目[①]的标题本身就引人注目,这说明大都市问题被提上了日程。如果有一件事是显而易见的,那就是

---

① 2008 年至 2009 年期间巴黎高等研究院主持的"镜像巴黎——法兰西岛大都市区"学术项目,得到法国文化部的支持。

巴黎的"大都市"特质。关于"大都市"的概念、用词或定义,在这里都不存在问题。当我们谈及法国的城市体系时,首都作为一个大都市整体的特征似乎也不会引起任何问题。如今因实践的推进,"大都市"又重新成为讨论巴黎空间的一个时髦词。

我们首先要撇开一些显而易见的事情。毫无疑问,对于涉及巴黎这个地域空间的各种词语进行争论意义不大,因为我们确确实实身处于一个大都市、首都、一个城市整体之中。这里拥有数量众多的功能和基础设施、可观的人口数量和土地面积、在历史中持久而稳定的身份、在广阔范围内与其他地域的关系,而且这一切都很容易从地理或历史的角度去呈现。因此,质疑这些理念似乎没有意义。

真正值得关注的是其他一些用于定义巴黎地区的词语。在本章,我们选择其中几个,不是为了对它们进行词语解析,更不是为了追溯它们的词源,而是为了通过近期的历史概括性地呈现出问题与挑战。这段历史,我们把它看作既是在集体记忆中又是在我们使用的词语中累积起来的层次。这在某种程度上构成了表象。为此,我们需要以系统的方式梳理大量原始资料,形成新的假设。为了表达作为一个城市整体的巴黎地区,出现了很多词,在这里我们选择了其中三个,即看起来恰如其分且有相关性的三种表达。

二、巴黎大区(Région parisienne)

尽管在体制上存在法兰西岛大区(Région Île-de-France),但不论在媒体还是通常的表述中,"巴黎大区"仍然是被普遍且广泛使用的一种表达。在教学中我们发现,学生论文中使用"巴黎大区"与"法兰西岛"两种表达出现的频次几乎一样多。之所以在一定程度上形成了对"巴黎大区"一词的普遍使用,是因为它很容易在新闻媒体和个别历史学家的文章中被找到。在法国当代历史研究所的丹妮尔·沃德曼(Danièle Voldman)

和雷米·博杜伊（Rémi Baudouï）20 年前的一系列研究中，他们特别关注"巴黎大区"的起源，并坚持选择这个词展开对巴黎地区的思考。他们的论证是一种历史的概念化过程，也是一种对资料溯源的态度。还有一些 20 世纪 20 年代的文本，例如塞纳河地区委员会（Conseil Régional de la Seine）一份相当知名的报告，提出关于巴黎地区的边界划分。此外，还有大家熟知的巴黎地区规划与组织高级委员会（Comité Supérieur d'Aménagement et d'Organisation de la Région Parisienne）。这似乎表示"大区/地区"（région）①是已经被选定的词。正是这个词在整个 20 世纪大量资料中被使用。

除了 20 世纪 20 年代，20 世纪 60 至 70 年代的资料来源也很清晰。彼时，法兰西岛被选定用来指代巴黎地区，这显然是一份具有约束力的词语契约，将法兰西岛作为一个拥有更长历史的法国古老地区。但相对于同一时期（20 世纪 60 年代）在一些技术性资料中找到的其他可以选择的用语，尤其是"巴黎大区"或者"巴黎地区"，选择"法兰西岛"是对其字面意思的重新语义化。

可以将这种选择与法国其他地区，如里昂地区、里尔地区②进行对照。当我们想表达巴黎地区的时候，可以说"巴黎大区"，这与谈论关于里昂地区或里尔地区的意义不同。巴黎地区是一个区域型聚居区，一个"城市-区域"。里昂地区或里尔地区是指更大地域范围的实体，经常与当地行政意义上的"大区"相混淆。但是对巴黎地区而言，这种含混的用法就可为人接受并且很早就出现了。一份 20 世纪 20 年代的文本提到巴黎地区是一个非常特殊的区域，因为它是一个"城市-区域"。这表明，这样的辩论、这些含混的表达方式并不是近期才出现的。而到了 1976 年要

---

① 编者注：同一个法语单词 région，作行政区译为"大区"，泛指地域空间译为"地区"，例如，法兰西岛大区、里昂地区。但巴黎大区不是行政表达，只能作为约定俗成的非官方用法。

② 编者注：虽然使用同一个法语单词 région，但此处译作"地区"。里昂虽然是大都市，但不具备大区的行政级别，它是城市，是罗纳-阿尔卑斯大区的首府。里昂、里尔等属于市级行政区划，准确说是城市联合体，而不是大区。

为巴黎新的地域范围命名并且组建负责区域性工作的地方政府及其各个机构,当时所使用的恰恰是"法兰西岛"一词。

现如今,还有另一个词"大都市"(métropole)。"大都市"一词既可以用作名词又可以用作形容词:"大都市的"(métropolitain)。在我们看到的文本中,有很多关于大都市地区的讨论,因此,"大都市"也用来对应"区域"。对此,我们将在后面详述。

三、"大巴黎"(Grand Paris)

随着法兰西岛大区制定了新一轮区域总体规划①,我们注意到近期的很多评论,以及国家几乎在同一时间发起讨论的方式,都表明"大巴黎"一词已然产生,或者更确切地说,这个用语的回归。对此,我们可以再一次在 20 世纪 20 年代的一些文本中找到参照。"大巴黎"一词可以说是出自 20 世纪 20 年代的一个理念。当我们翻查更多的资料来源,会发现亨利·塞利尔(Henri Sellier)那一代人曾提出了行政重组:总体而言,指的是巴黎地区。但"大巴黎"一词在那个时期也处于辩论当中,例如,在一本由阿尔伯特·盖拉尔(Albert Guérard)于 1929 年发表的著作《巴黎未来》(L'avenir de Paris)中可以找到。这是一部杰出的作品,我们曾引述并用于剖析相关语汇问题,其中涉及了历史中有关巴黎的几乎所有词汇。关于"大巴黎",作者是这样说的:"必须在城市地区内实行权力下放政策。每个地区都应该有其自主性,这就是为什么我们要全力以赴为大巴黎争取统一的组织。我们提倡城市像国家或者像世界一样,是一个联盟形式的构成。"

在此,想通过这部著作强调两个观点。首先,大巴黎事实上停留在设计阶段,或者说,大巴黎计划流产了。阿尔伯特·盖拉尔在书中表达了对

---

①　编者注:此处指的是 2008 年的修订版。

"大巴黎"事件的批判态度。他将这次大巴黎事件视为一次技术官僚的鼓吹，或者说是当时公权力一次无用的尝试，因为在这次尝试中，巴黎市政府和始终关注地区重组的国家之间本来可以联合起来发挥作用。他支持当时一个更普遍的理念，那就是"塞纳省"的整个区域，相当于现在法兰西岛的巴黎和近郊三个省①。他认为，这个理念当中不存在巴黎吞并其周边所有地区的问题。事实上，他将大巴黎事件与此前的奥斯曼时期联系起来。在当时，这不只是他一个人的想法。在奥斯曼时期，1860 年的时候，巴黎合并了其周边市镇并将它们转变为区（arrondissement）。当时的大巴黎计划被认为是奥斯曼逻辑的延续。因此，在 20 世纪 20 年代、60 年代乃至今天能够找到的所有文献中，都将大巴黎这种可能性视为巴黎是其周边地区的吞并者。与大巴黎计划相反，那个时期的其他一些更复杂的规划或政策往往得到了实施。这一切的背后看起来更像是文字游戏，以一种巧言辞令的方式贯穿了整个 20 世纪并呈现到我们面前。

再来谈一谈关于阿尔伯特·盖拉尔这本著作中的另一个观点。鉴于他是一位法国裔美国学者，像同时代的许多学者一样，他没有写"大巴黎"（Le Grand Paris），而是写了"更大的巴黎"（Le Plus Grand Paris）。究其原因，这需要了解德国、盎格鲁-撒克逊国家和伦敦的城市文化，在其中可以找到对应的词语翻译。在法语中，"更大的巴黎"这种说法十分奇怪却很有趣，因为这不是在与一个更小的巴黎或者与一个稳定的巴黎进行比较：这是一个正在扩张的巴黎，制度变化中的巴黎，一个始终更大的巴黎。由于阿尔伯特·盖拉尔非常注重语义问题，当他精准地选择这个词的时候，他想清楚地表明所谓"大巴黎"其实是一个过程、一种动态。这与他所接触的文献有关。在他那个时代，城市规划领域参考文献中有一部分偏向于生机论和有机主义，其观点认为，城市首先是运动或流动的状态。当然，关于"大巴黎"和"更大的巴黎"还有很多其他可以讨论的内容，但接下来让我们关注"大都市"。

---

① 编者注：塞纳省（Département de la Seine，1790—1967），现已撤销行政建制。

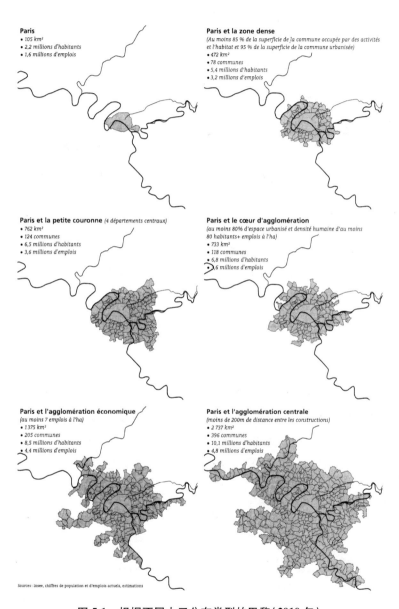

Paris
- 105 km²
- 2,2 millions d'habitants
- 1,6 millions d'emplois

Paris et la zone dense *(Au moins 85 % de la superficie de la commune occupée par des activités et l'habitat et 95 % de la superficie de la commune urbanisée)*
- 472 km²
- 78 communes
- 5,4 millions d'habitants
- 3,2 millions d'emplois

Paris et la petite couronne *(4 départements centraux)*
- 762 km²
- 124 communes
- 6,5 millions d'habitants
- 3,6 millions d'emplois

Paris et le cœur d'agglomération *(au moins 80% d'espace urbanisé et densité humaine d'au moins 80 habitants+ emplois à l'ha)*
- 733 km²
- 118 communes
- 6,8 millions d'habitants
- 3,6 millions d'emplois

Paris et l'agglomération économique *(au moins 7 emplois à l'ha)*
- 1375 km²
- 205 communes
- 8,5 millions d'habitants
- 4,4 millions d'emplois

Paris et l'agglomération centrale *(moins de 200m de distance entre les constructions)*
- 2 737 km²
- 396 communes
- 10,1 millions d'habitants
- 4,8 millions d'emplois

Sources: Insee, chiffres de population et d'emplois actuels, estimations

图 5.1　根据不同人口分布类型的巴黎（2010 年）

注：© APUR。

四、"大都市"(Métropole)

今天,我们正在试图重新讨论、重新定义"大都市"这个词,对此,我个人始终表示质疑。我们应该了解,针对巴黎,在法语中"首都"(capitale)和"大都市"之间是否存在差异。在日常使用中似乎没有太大差别,但在《小罗贝尔词典》(Le Petit Robert)中给出的定义却非常不同。现如今,我们要重新激活"大都市"一词,将它作为城市整体,而城市整体不等同于"首都"的概念。在法语的词汇历史中,"大都市"是比"首都"更古老的词语。"大都市"来自中世纪的教会;"首都"是自 16 世纪开始由皇权引入用来代指其城市(巴黎)的词语。这个词被翻译成很多其他欧洲语言,巴黎曾是首都的典范。当然,其他语言具有其他的词汇体系。

有关"大都市"我们需要谈到两点。首先,如今"大都市"一词用于法国许多其他省份的大城市。第一个这样命名的应该是里尔大都市(Lille Métropole),此外,还有雷恩大都市等。这些城市在过去的城市共同体(communauté urbaine)模式基础之上往往都具有市际的一体化结构。这类城市现如今通常会选择"大都市"的名称。巴黎地区也存在地域整合问题,因而,与一些"外省"的大城市使用相同的命名方法就不足为奇了。从这个角度来看,还应该均衡地理解"外省""大城市"和"大都市"三个词。

作为地理学者,我们不能忽视此前已经出现过的关于"大都市"的概念。特别是在 20 世纪 60 年代,区域规划和地区吸引力部际代表团(DATAR)提出了一项重新平衡国土空间的政策,推出"平衡大都市"。当时,为了平衡或者制衡巴黎在国土空间发展中的突出影响,强化了分布在法国全境的其他一些核心城市,例如,波尔多、里尔、里昂、马赛等,将它们定为平衡大都市。这些都很清晰地表明,在 20 世纪下半叶,"大都市"一词已经在巴黎外的各省普遍使用了。反过来,我们就能够理解今天对于巴黎地区同样使用这个词却成了一种创新用法,这是应该抓住的缘由。

这里要谈的另外一点是,阿尔伯特·盖拉尔为什么极少使用,甚至完全不使用"大都市"一词。事实上,他非常频繁地使用与之同源的另一个词"大都市的"(métropolitain)①。可以说,"大都市"或"大都市的"大概在 20 世纪 20 年代已经是被滥用的词。但关于阿尔伯特·盖拉尔对词语的选择,还有其他原因。在他的书中有一段关于巴黎边界的阐述写得引人入胜,其中他对这些词质疑:"今天的巴黎扩张到了哪里,明天又该扩张到哪里? 问题并不简单。任何一个大城市都有点像古罗马,试图遍及全宇宙。"

在书里,他的笔下没有出现"大都市"一词。他更多地使用了"大巴黎"或"更大的巴黎",为了表达他所有的批判态度。相信在当时,"大都市"一词在法语中有其他用途。在那个时代,巴黎是一个大都市地区的首都、一个殖民帝国的都城。因此,也是世界城市。"……此外,这座城市还有殖民地,在更远的地方。"然而,这些殖民地并不是阿尔及利亚、塞内加尔或法属西非、法属赤道非洲……都不是,而是"大学,远至罗斯科夫(Roscoff)、巴纽尔斯(Banyuls)和尼斯,在那里设实验室和天文台;医院,远在伯克(Berk)和昂代伊(Hendaye);水务局,远在乌尔克(Ourcq)、拉杜伊斯(La Duisse)、拉瓦纳(La Vanne)"。巴黎以这样的方式殖民,受到巴黎"殖民"的地方和真正的殖民地一样多。于是,当"大都市"在 20 世纪 20 年代有可能被用来指代这个城市整体时,它已经被用于其他具有统治意味的城市现实。

让我们看看其他与统治相关的对生词语是如何发挥作用的:巴黎-殖民地、巴黎-外省、巴黎-郊区。郊区是巴黎一个特殊的"外省"吗? 是巴

---

① 编者注:métropolitain 通常作为形容词"大都市的"使用,但此处是名词,作为 chemin de fer métropolitain 的简写,指服务于大城市的地下电气化铁路。这个词最初就是用于巴黎地铁。"Métro"(地铁)一词正是取自 métropolitain 这层意思的缩略词。文中正是想说明,当时巴黎的地下铁路在用词中虽然含有"大都市的",但并不能代表大都市范围的基础设施,因此,也与"大都市"无关。

黎的一个"殖民地"？被称为"外省"的法国城市意味着是首都的殖民地吗？思考这些线索将有助于我们理解相关词语之间如何建立对话。总而言之，"大都市"在法语中并不是一个新词。或许可以说，只是用在巴黎地区看似新颖，但其名词形式和形容词形式一样已经存在很久了。当我们阅读当下写出的一些文章，可以清楚地看到大都市具有复杂性。对于这样的城市地域，我们应该保护其多样性。在大都市里，可以有一个首都；但首都只能是大都市的一部分。而巴黎这座大都市，在其覆盖的所有土地上，在法兰西岛的各个组成部分中，包含着社会、经济和种族的多样性，这显然为我们呈现出一个"世界城市"。"大都市""大都市的"这些词在这种情况下具有了新意，找到了新的可能性。

图 5.2　巴黎塞纳河左岸

注：© Ph. Guignard。

五、结语

最后,以三点作为本章结语。第一,应该像阿尔伯特·盖拉尔那样,相对于城市中心,应该给予城市边缘同等的关注,甚至更多。他将对这些词语的论述放在一个题为"巴黎的边界"(Les frontières de Paris)的章节里,很有思考价值。我们需要使视线离开中心,构思大都市空间不从其中心出发,而是从其周边、其边界以及其外部。这很难做到,因为我们已经习惯了从中心开始思考事物。第二,以上探讨的这些问题涉及词汇,但不仅限于此,还与大量其他维度相关联。如果把词汇放置在时间中,拥有一段历史,那么它也必然置于空间中。本章所阐述的是有关巴黎具有支配或统治意义的词汇体系。在其他地方(城市或地区),会是其他的词汇体系在运作。第三,在 20 世纪的不同时期,可以认为是整个词汇体系发生了变化。20 世纪 20 年代是对这些词语进行整体改变的时期,而 20 世纪60 年代是另一个整体改变的时期。这些产生变化的时期事实上对应于行政改革、城市总体规划以及特殊的文化时期。而今天,要关注的是用来命名这些空间的词汇体系将要发生怎样的变化。

Ⅲ 问题比较

M6　上海大都市圈协同发展的主要挑战[①]

一、经济协同挑战

(一) 产业转型升级压力较大,各地竞争激烈

一是产业结构趋同,区域间存在过度竞争。上海大都市圈各城市发展条件相似,产业结构趋同明显,产业同构化竞争激烈,缺乏分工明确的产业布局规划。如各城市主导产业中,汽车、石化、电子信息等产业高度重合,苏锡常三地在经济总量中排名前五位的产业几乎相同。产业发展规划存在同样问题,各城市"十四五"规划提出的重点培育产业集群和产业链中,8个城市都提出重点培养高端装备、智能装备制造产业集群发展,7个城市提到重点发展生命健康及生物医药产业,6个城市提及发展汽车产业,5个城市提及发展电子信息相关产业、集成电路产业等,城市重点产业发展方向高度重合。

二是各地发展阶段不尽相同,产业转型升级压力较大。上海大都市

---

① 陶希东基于《上海大都市圈蓝皮书》(2020—2021)第 B3、B5、B6、B7 章内容改编而成,上述章节作者分别为李娜、张岩、夏文;薛泽林、陶希东;凌燕;辛晓睿。

圈城市经济发展水平普遍较高,但在经济发展阶段间仍存在一定差距。一方面,各城市面对不同产业转型升级压力,上海、苏州、宁波、无锡、常州三次产业比重中,第三产业已经超过第二产业,产业结构处于高级阶段,面临如何进一步推动产业结构的优化升级,突出发展现代服务业,优化发展现代制造业问题。南通、湖州、嘉兴第二产业仍保持领先,第三产业占比略低,产业结构处于中级阶段,面临优化产业结构,促进新兴产业发展和传统产业升级需求。舟山产业结构中,第三产业比重最高,第一产业次之,第二产业比重最低,产业转型面临传统行业衰退,新兴产业支撑力不足,资源环境、发展空间约束趋紧,科技创新能力不强,人才人力比较紧缺等问题。另一方面,区域各城市之间以及城乡之间发展不平衡问题依然存在,基础设施建设投入、公共服务供给能力和供给标准等方面各有不同,基本公共服务特别是在医疗卫生、社保、教育等领域的区域性供需矛盾突出。

（二）创新资源优势尚未转化为产业优势,创新链与产业链有待衔接

第一,城市之间科技合作有待加强。在行政推动方面,上海大都市圈缺乏一个"政策贯通、管理协调、专业分工、利益兼顾"的区域统筹行为主体;在合作机制方面,缺乏一个"多方参与、开放共享、联合攻关、互动创新"的协同网络。部分城市创新资源丰富,但大多自成体系,相互之间缺乏联系和互动,在规则制定、体系建设、制度完善、平台构建、监管措施等方面开放性不够,知识、技术和人才等创新要素跨地区的自由流动仍存在不少障碍。

第二,缺乏合理的分工与专业化协作体系。上海大都市圈各城市产业结构趋同,产业链分工和专业化协作脆弱,合作项目多局限于单一技术和产品的研发,缺乏整体协同创新,使地区各自的比较优势没有得到充分发挥,客观上影响了区域产业整体竞争力的提升①。

---

① 致公党中央调研组:《探索上海促进长三角一体化的有效途径》,《中国发展》2009年第5期。

第三,创新资源转化产业优势作用不明显。在科技成果转化机制方面,上海大都市圈还存在科技研发机构的研发和产业体系相对独立、市场主体研发实力和动力不足问题,还未形成需求导向型的科技创新模式。同时高校、科研机构以及金融、投资等机构参与成果转化和技术创新过程中,沟通协调仍不足,科技成果从研发到市场的有效通道还需打通。

(三) 以项目推动为主,制度一体化推进缓慢

第一,区域合作交流不充分,合作平台与专题缺乏。在现行行政体制下,上海大都市圈各城市为追求本地经济增长,在具体推进过程中竞争大于合作,合作与冲突始终并存。同时平台建设和专题合作缺乏统筹,缺乏制度性的协调机制,致使力量分散,浪费资源,难以形成合力。

第二,区域治理标准和规范不一致。区域治理标准、管理规范协同一致是区域合作的基础和保障。长期以来,基于区域发展竞争所产生的差异化招商政策、营商环境、治理标准等,使得上海大都市圈一体化合作存在诸多阻隔。在管理制度方面,各城市部门设置不同、部门权限划分不清晰,阻碍协作机制的发挥。在产业创新方面,高新企业、人才资质认证标准不统一,跨区域互认存在障碍。在城市建管方面,区域内生态廊道、城际线网均不连续,综合交通枢纽衔接水平不高,城市间环境联合执法、联合共治的长效机制尚未形成。在社会民生方面,医疗卫生政策和养老服务标准尚不统一、社会保险异地支取和信息平台打通等制度仍待优化。此外,在部分跨区域项目的建设时序、不同事件的执法自由裁量尺度等方面还存在不一致情况①。

第三,区域合作仍以项目为主,制度性合作缓慢。上海大都市圈区域间共同推进的项目较多,如上海国际航运中心建设中的小洋山开发、G60

---

① 王丹、彭颖、柴慧等:《构建上海大都市圈区域合作机制思路及重大举措》,《科学发展》2020年第9期。

科创走廊建设、上海虹桥国际开放枢纽建设等,合作项目多为两地或多地为解决区域发展中的重大问题,以共同发展目标为基础,共同推进的具体项目。在制度性合作中,除少量共同参与长三角一体化的事项与领域外,缺少上海大都市圈协同发展的制度性合作体制机制。

(四)上海大都市圈为跨省都市圈,协调难度较大

第一,跨省际合作难度较大,行政区经济仍明显。上海大都市圈是一个复合型行政区域,与杭州都市圈、合肥都市圈相比,上海大都市圈跨两省一市,经济运行的行政区域利益特征更为明显,区域合作与摩擦并存,经济协调和沟通渠道不畅,生产要素不能完全自由流动,各城市之间的发展规划缺乏统筹衔接,缺乏从全局出发实现各城市之间的通力合作。在现行行政体制下,各地政府还存在片面追求本地经济增长,合作与冲突始终并存。区域经济发展的战略目标和战略缺乏特色,经济运行带有显著的行政区域利益特征,在一些敏感问题上往往竞争多于合作,经济协调和沟通渠道不畅,缺乏紧密的区域内经济联系。

第二,区域内城市间合作与交流整体推进不平衡。一方面,各地发展阶段相同,都面临着产业转型升级压力。另一方面,各地"十四五"发展的重点产业,数字产业、大数据等的合作由于认同差异和机制上的创新不足,各城市表现出只局限于承接上海的辐射效应,局限于上海发展对当地经济的拉动,而区域内其他城市之间的合作关系相对滞后;在合作办法、模式、机制上,原有的习惯思维未能有大的突破;在合作着力点上,各地总是过多地寄望于生产要素只有利于本地发展的单边流动①。

第三,区域缺乏常态化合作机制,阻碍区域整体发展。经过多年发展,长三角城市群基本形成常态化合作机制与路径,并取得一定成效。上海大都市圈各城市虽然对区域协调发展达成共识,但不同区域、不同层级

---

① 课题组:《后世博效应对长三角一体化发展区域联动研究》,《科学发展》2011 年第5 期。

的城市仍缺乏常态化合作机制,作为上海大都市圈整体的沟通协调机制缺乏,不仅外界缺乏对上海大都市圈的整体认识,区域内各城市也未形成协作发展的主动意识。

二、公共服务共享挑战

通过强化区域合作提升城市的总体竞争力和经济韧性是未来中国参与全球竞争的重要思路之一。虽然上海大都市圈作为长三角一体化的重要组成部分已经上升为国家战略,但受财税制度影响,上海大都市圈在基本公共服务一体化方面还存在明显的体制障碍。

(一) 缺乏跨省统筹协调机制

目前,上海大都市圈协同主要在经济领域实施。与经济协同带来的可见收益相比,基本公共服务一体化具有投入大、周期长、预期不明确等问题,以及投入产出难以衡量、责任认定和绩效考核面临实际困难等问题。在缺少强有力的统筹推进机构和有效的推进机制的背景下,地方政府的主动性和积极性不够,人为的体制机制障碍难以突破。尤其是在优质基本公共服务的统筹共享方面,各城市的输出意愿明显不足。

(二) 财政分担共享机制不完善

上海大都市圈城市基本公共服务一体化涉及服务对象流出地和服务对象流入地两地的财政平衡和转移支付问题。目前,为了留住本地产业和机构,各地方政府大多实行属地化补贴机构的政策来提供基本公共服务。这种属地化的供给模式在很大程度上限制了基本公共服务的一体化,在没有财政转移支付的制度支持下,基本公共服务的一体化只能够停留在医保结算等较低层次。

（三）基本公共服务存在进出壁垒

上海大都市圈城市基本公共服务一体化包含了"进"和"出"两个关键环节。目前,各地方政府出于地方保护的行政壁垒约束了基本公共服务资源的流动,同时在有意无意地限制自身的执法边界。在"出"的方面,各地多有不成文的规定要求当地基本公共服务供给主体不得出本地行政边界经营;在"进"的方面,各地政府购买公共服务的地方规章也以属地化管理为导向,企业和社会组织跨行政区域承担政府购买公共服务项目存在行政许可的实际障碍。

（四）基本公共服务共享模式困境

目前,上海大都市圈建设基本上遵循了三种模式,即管理驱动型模式、技术驱动型模式和产业驱动型模式。管理驱动型和技术驱动型模式的核心要义是以某地的先进管理经验、先进技术为基础,通过模式复制的方式实现治理协同。产业驱动型模式的核心是将基本公共服务供给与当地产业发展结合起来,建立起基本公共服务的产业化运作模式,并逐渐突破行政区划,向外延伸。目前,上海大都市圈还未就相关模式达成一致意见,在实践中呈现出管理驱动和技术驱动的特征,总体上看还处在百花齐放的探索期。

三、文化协同挑战

上海大都市圈各城市在文化建设的问题主要集中在两方面:一是文化协同的共识性有待加强,二是"文化+"的融合发展深度和广度不够。

（一）大都市圈文化协同共识性有待加强

从长三角区域一体化建设战略来看,文化建设的发展是区域经济一体化的重要方面,文化协同的共识性问题体现在整体规划较弱、市场流动不足、产业结构布局同质化等方面。

第一,大都市圈范围内的整体文化建设规划设相对较弱。从上海大都市圈各城市规划来看,对文化建设以及文化协同方面的统筹规划相对缺乏,文化建设和文旅产业协调发展目前还处于城市与城市之间的点对点的阶段。各城市侧重发展高新技术产业和战略性新兴产业等的协同,而对文化产业、文旅产业、体育健康产业的协同推进缺乏整体的规划以及相应的政策支持。另外,一些政策领域存在跨区界溢出效应与行政辖区的边界冲突,从而影响了资源的合理分配,在文化建设尤其公共文化建设的传播交流方面还未真正充分发挥市场、社会力量,文化市场开放、生产要素整合、文化遗产资源配置等方面还存在各种地方保护主义,一定程度上限制了文化建设和文化产业的做强做大。

第二,文化创新要素市场流动性不足。由于文化产业成为各地经济转型的重要抓手,各城市地方政府纷纷出台补贴政策或者建立投资基金来推动文化产业发展。一方面,出于对政绩的追求,这些行为往往具有短期化的特征,影响了生产要素的正常流动,造成要素资源的浪费;另一方面,各城市之间虽然开启了区域协同创新,但在区域创新机制与创新制度、规则等方面忽视了文化上的同根同脉,存在文化断层,致使各自创新资源与特色优势难以实现优势互补、功能互动。尽管上海大都市圈各城市多年来有一些联动合作的举措,但是涉及城市间文化价值、区域文旅整体品牌层面的实践还是不够。上海大都市圈各城市主导产业布局往往与主体发展期待相呼应,主要是为提高经济效益、品牌效益,装备制造、电子信息、汽车等项目集聚效应最为突出,而对于一体化进程中的文化产业协同的考虑不够。

第三,文化产业结构同质化明显。上海大都市圈范围内文化产业发展程度从产值总量的角度分为三个梯队。作为第一梯队的上海、苏州拥有相对成熟且特色鲜明的文化产业。上海创新能力强,高新技术人才高度集聚,以国际大都市为引领的都市产业成为城市发展的重要支柱。上海市文化创意产业推进领导小组办公室官网显示,2019年上海文化创意产业实现增加值4 980亿元,同比增长7%,占GDP比重达13%。苏州重点发展数字文化产业,聚焦动漫游戏、影视、网络文化等细分行业,拓展创意设计、演艺娱乐、文旅融合、工艺美术、数字文化装备制造等重点领域,预计到2025年,全市文化产业增加值占GDP比重达10.5%,其中核心领域占比超过50%。第二梯队的无锡、常州、南通、宁波、湖州的文化产业各有长短。无锡依托无锡国家数字电影产业园,构建电影产业生态圈,推进国家电影产业创新实验区建设,在数字内容产业发展方面提高数字传媒、数字娱乐、数字出版、数字装备、网络视听等领域发展规模和质量;常州着力建设国家级视音频版权进出口平台及溯源数据管理平台、市级文化产权交易中心,建设国家级文化产业园(基地),同时注重文体融合;南通打造崇川区艺东方艺术品综合体、左岸动漫产业园、1895文创园区、家纺文化创意产业园、市开发区数字文化(视频)产业园、海安市523文化产业园、如皋市一下未来科技城、海门麒麟红木产业园等文化产业重点园区(基地),形成全市文化产业发展集群;宁波在国家动漫基地游戏产业方面取得成绩,目标是打造具有全国影响力的数字文化产业新兴集聚区;湖州聚力发展数字文化、创意设计、影视传媒等符合现代文化产业体系的核心产业。第三梯队的嘉兴和舟山,从GDP占比到文化产业规模与第一梯队相距甚远,虽然各自拥有深厚的文化底蕴、优越的生态优势,但产业发展方面缺乏生产资本与专业人才。从以上各城市的情况可以看出,尤其第一和第二梯队在文化产业方面都集中在数字文化产业、动漫产业、游戏产业上,同质化现象严重,没有形成优势互补。

(二)"文化+"的融合发展深度和广度不够

上海大都市圈文旅融合一体化发展业态模式处于初级水平。相比国际都市圈的"文化+"的融合力度,上海大都市圈在通过文化与科技融合以提升城市创新高度、通过文化与金融的融合以拓展城市产业的深度、通过文商旅贸多元融合拓宽城市经济广度这"三度"上还未发挥实效。

第一,"文化+"的提升作用发挥不充分。上海大都市圈范围内的文化产业对传统产业的融合引领作用发挥不充分,科学技术从文化产业消费端向生产端渗透不足。互联网用户的爆发式增长为"文化+科技"迅猛发展奠定了基础,但因此而产生的许多新业态还处于野蛮生长阶段,缺乏行业规范,部分内容落入低俗。科学技术对于文化生产的作用不够深入,以上海为引领的科技创新城市具有的科技创新+文化的优势未能充分发挥。其他"文化+体育""文化+农业""文化+工业""文化+金融"等跨界融合,仍然处于概念创新的阶段,实践效果不明显。大多数的文化产业存在规模小、能级低、增长放缓的情况,且缺少打响都市文化产业的品牌,没有产生具有足够影响力和辨识度的上海大都市圈的特色文化品牌。知识产权保护意识和相关制度也有待进一步加强,文化创意与传统产业结合的路径在未来消费升级的趋势中需要进一步加强。

第二,特色文化资源缺乏有效整合。上海大都市圈各城市的文旅融合发展普遍在资源、产品、市场等方面的发力后劲不足,城市文旅融合一体化的精品供给欠缺。上海大都市圈的文化资源具有互补性,文化产业的发展战略也各有特色,但是整体对于特色资源的挖掘不够深入、缺乏有效整合。没有将散落于各城市的江南文化、海派文化、江海文化、佛教文化、海洋文化等资源串珠成链,推进融合互动及创新,基于上海大都市圈的文化品牌体系未被系统地规划、管理和运营。

第三,城市金融服务文化产业发展的效果不强。上海在"十三五"时期积极推进文化与金融融合,上海市文化和旅游局与市金融办签订《文化金融合作发展备忘录》,完成了文化金融融合发展的顶层设计,并成立上海品牌发展基金,扶持相关产业发展,但目前来看,由于部分城市财政支持政策不符合产业发展规律,范围失当,效率低下,无法达到预期的资本支持效果。

第四,缺少以上海大都市圈为整体文化形象"走出去"。上海大都市圈范围内应是多元文化共存及国内国际化程度最高的地区,中华文化的传播需要在对外开放的前沿与世界展开交流与合作。在对外交流与合作过程中,上海大都市圈缺乏一个整体文化形象。

四、社会协同治理挑战

社会治理是城市治理的重要组成部分。城市治理的基本理论假设在于公权力的行使,而公权力具有地域性、不可分割性、授权合法性等一系列特征。这意味着城市治理涉及的权力让渡、责任共担等在实践中面临着实际的困难,成为跨区域协同治理面临的主要障碍。具体到上海大都市圈的社会治理协同,总体来说可以归纳为"四个障碍"。

(一) 动力机制缺失

进入新时代以来,虽然从中央到地方各级政府一再强调"不唯 GDP"论,但在新的治理绩效考核指标尚未成熟之前,GDP 和财政作为政府绩效考核的重要参考仍然在起着指挥棒的作用。从已有实践看,上海大都市圈建设的动力主要在于分享经济一体化带来的各种收益,协同偏重于经济建设服务,对于事关花钱的社会治理协同投入缺乏动力。2021 年,上海发布了政府绩效评价的高质量发展指标体系,但从内容来看,有关社会治理的考核仍没有实现突破。

(二) 责任主体缺失

权责利相统一、权力和职能法治、有效的监督问责是现代高效行政体系的基石,也是法治政府建设的基本要求。正因为如此,中国的社会治理制度设计遵从了属地管理和户籍管理两个原则,以方便明确职责。但在实践中,上海大都市圈城市治理协同缺乏有效的责任主体和执行保障机制,社会治理协同产生的各种协议、合同和宣言颇多,但并未得到各城市和各职能部门一以贯之的执行。

（三）基础条件悬殊

上海大都市圈社会治理的经费由当地财政支撑，而服务供给的质量则与当地的经济发展水平直接相关。虽然上海大都市圈是中国经济社会发展最为均衡的地区之一，但从细分来看上海大都市圈各城市经济社会发展水平仍然不一，社会治理投入能力有显著差异，特别是人口结构、教育、医疗、养老等社会资源禀赋的差异导致不同的城市在社会治理侧重上有所不同，实现协同治理存在基层条件悬殊。

（四）信息共享障碍

目前，上海大都市圈社会治理信息共享系统建设还处于探索阶段，虽然借助于国家平台推进的"一网通办"在一定程度上推进了各城市之间的信息共享，但共享的信息更多的仍然是企业服务等，有关社会治理的信息各城市往往会根据自身需求设计各自的系统并收集数据，信息数据的省级统筹还没有完整建立起来，由此导致市与市之间、市与省之间、省份之间的基础数据和相关标准无法有效对接，形成了一个个信息孤岛，也造成了社会治理的资源难以统筹，行动难以统一。

M7 2008 年法兰西岛大区总体规划（SDRIF）的关键问题

　　法兰西岛大区进入 21 世纪以后的新一轮总体规划（SDRIF）①的方法是设想该地区面对未来 10 年、20 年、30 年的复杂时期能够做好充分的准备。我们已经看到正在形成的剧变，这将是极其深刻的演变。保持一个充满活力的地区及其全部的发展潜力，与此同时能够确保该地区居民始终拥有较高水平的安全环境，在这样的目标下，该如何度过剧变之下可能到来的动荡时期？这需要同时考虑全球安全和效力问题。我们试图在总体规划中确定产生变化的特定因素：如何承担起一个既非常稳健又非常灵活的长期变迁。当我开始关注"稳健"一词，并将这个词与"社会"或"环境"这些词搭配在一起使用时，令人惊讶地发现：在今天，更加适用了！

---

　　① 编者注：这里指的是 2008 年的总体规划修订。对法兰西岛大区总体规划（1994 版）进行修订的讨论在 21 世纪初已经开始，首次以 2030 年为规划预期的目标节点，辩论尤其集中在 2004—2007 年间，为 2008 年的修订版做铺垫。最终获得正式批准的是 2013 年版的总体规划。

一、社会稳健性

　　法兰西岛总体规划（修订）的挑战对应了三个稳健性。第一个是社会的稳健性。当我们面临一个既来自本地区又来自国际的动荡环境，一些风险的可能性就会变得非常高，社会不平等加剧，大量民众将为此支付沉重的代价。我们的总体规划符合了维持高水平的全民安全的政治设计。为了实现这样的社会稳健性，就必须设想主要的社会需求是什么，以及如何予以满足。法兰西岛大区的首要社会需求就是住房，下文中将对此进行更详细的讨论。交通问题也是根本性的，它代表着（个人）自主、独立的条件，也因此成为影响就业机会的条件。关于"就业机会"（也称"就业可达性"），事实上涉及两种形式的就业机会。最基本的是实际的可达性，主要是通过公共交通的方式，即不被排斥在交通服务可到达的地区之外。无论是在不同人群还是不同地区之间，这种实质性的交通可达性是缩减不平等的一个重要因素。涉及更广泛的可达性，则是通过就业培训和接纳系统获得就业机会。这可以通过一些非常具体的事情观察到。比如，如今的一个困扰是，年轻人只有在技能培训中心（CFA）提供住宿的情况下才会接受职业培训。从广泛的意义上讲，所有这些不论是交通连接还是人的移动问题，都将"社会稳健性"和减少不平等现象投射在空间分布和变化上。

二、环境稳健性

　　第二个是环境的稳健性。当前的环境背景突出了两种现象，而它们之间理论上彼此毫无关系。一方面，石化燃料价格结构性上涨，这与著名的不断上升的需求曲线与难以满足的供给曲线之间的交叉有关。即使不会立即出现实际的能源短缺,但至少会造成经济困难。关于这个问题,我们已经说了好几年,最近的情况也仍然在印证:我们面对的不再是短期局势或暂时现象,而是结构性的,甚至很可能是呈指数级上升的现象。另一方面,我们同时面临着气候失常。这两种现象本可以彼此无关,因为它们本不该同时出现。原本是预留了上千年才可能发生气候失常。而现今的事实是这两种现象相伴出现。这是灾难还是机遇,不得而知。但我们必须同时应对获取石化能源的经济困难和能源短缺的实际困境,以及使用石化燃料产生的后果。

这对国土规划意味着什么?在空间上有明显的诠释:在交通组织中,在住房结构和住房设计中,在就业组织和定位中。这包括以不同的方式思考交通,尤其是公共交通,优化网络等级;从未来城市的角度出发,考虑建筑及其材料质量;以及思考整体的城市设计。所有这些都需要使用相同的跨领域横向贯通的方法,这些方法显然会涉及社会问题以及受环境

图 7.1 《法兰西岛大区总体规划(2008)》生态系统示意

注:© IAU ÎdF。

背景影响极大的空间组织。当然,还要关注水资源管理的问题、气候变化问题,等等。例如,如何应对极端的酷暑天气、寒潮或暴风雨? 面对洪水风险,如何确保河道网络安全? 这些都是后碳时代、欧洲大都市与环境相关的城市问题。

三、经济稳健性

第三个挑战是经济的稳健性。近期一些批判想要暗示,所谓的等级问题并不取决于此。然而恰恰相反,未来经济稳健性也取决于缓解社会紧张的能力。当我们在 2004 年谈到这个话题的时候,我们并不知道 2005 年将要发生的骚乱。不平等的加剧,不仅出于政治原因、道德或伦理原因而不可接受,也是可持续经济发展的巨大障碍。同时,这种经济上的稳健性还必须建立在考虑环境背景的基础之上:新的环境背景,一方面产生了新的限制,另一方面也创造了新的需求。从中,我们可以释放出一种经济发展的新模式。在不否认关于可达性、高端服务业等经典研究角度的情况下,还必须思考生产和消费的新模式、运输成本的变化、生产地和本地市场的相对位置、短距离路径……

总而言之,我们应该认识到一个事实,那就是法兰西岛大区所拥有的巨大优势,无论人们怎么说,这个地区今天的表现并没有那么糟糕。但另一方面,我们看到在世界舞台上,通过一些城市重建项目不断呈现出的创新性、城市标志性形象,因而,我们必须避免在世界大都市的竞争中"脱节"。

经济活力所需要的是对新的领域、实践以及创新的产品和行业进行资金、知识、制度方面的投入。这也是为了回应那些想要轻易发出否定声音的"经典"发展方式。这意味着我们必须质疑那些已经接受了很长时间的想法。作为一个案例,希望借此发起关于拉德芳斯(La Défense)扩建项目替代方案的辩论。在拉德芳斯现有的场地上,有明显的体量效应,且非常明显,以至于从长远来看,巨大的体量会对该地区的发展产生适得其反的效果。现如今,拉德芳斯最大的问题应该是它的可达性。那么,扩建项目为什么不考虑其他位置呢?很显然,重新平衡东部地区①会对地区本身和整个大都市产生非常强烈的影响;但不可否认,想要结合一个公共交通(包括国际机场)组织良好的网络进行建设,这是符合逻辑的。然而,为什么项目的位置选择会成为忌讳的话题,回避公开讨论?我们想要提出在巴黎东部,例如在 13 区附近、伊夫里(Ivry)或卡伦顿(Charonton)附近、丰特奈谷(Val de Fontenay)或大诺瓦西(Noisy-le-Grand)附近,显然还可以选择在法兰西平原(Plaine de France)地区附近,计划为高端服务业提供具有技术平台的新的场地、新的方案,而这确确实实比现在拉德芳斯那片位置更适合。其实,诉求很简单,只要严肃认真地针对这个问题进行辩论。

图 7.2 从凯旋门望向拉德芳斯

注:© Philippe Panerai。

——————

① 编者注:拉德芳斯位于巴黎西侧,西部地区的整体条件要比东部地区优越。由于作者是政治家,右翼,倾向于发展东部贫困地区。

　　总有人说:"从东京看去,拉德芳斯或巴黎,都是一样的!"但我想说的是:从东京、新加坡或洛杉矶看去,法兰西平原①比拉德芳斯离巴黎更近,而且它的名字也漂亮得多。至少我们应该接受(重新)思考。在这里的尴尬之处在于,提问本身变得几乎不被接受。如果我们必然置身于一个不断变化的世界之中,那么至少可以做到愿意打开那些封存已久的"文档"。

四、哪些具体规划

　　很显然,以上我们以一种概括的方式,因此也是局部的方式,介绍了总体规划的三个主要挑战以及我们希望组织的辩论议题。那么,具体而言,要如何展开? 规划实施的抓手在哪里? 当务之急,最迫切的需求就是住房。如何规划,在哪里规划? 如果我们考虑将国家、法兰西岛大区、法兰西岛大区规划院(IAU)、国家统计与经济研究院(INSEE)的相关信息进行交叉分析,就会全部指向一个事实:从现在起到2030年需要新建150万套住宅。这个预测的角度并不是法兰西岛到2030年可能会拥有1 700万人口,而是基于这个地区相对于全法国的人口比例保持不变,也就是说,居民人口有可能在1 100到1 300万之间。从这个角度来看,考虑到居民需求、人口老龄化以及对人口的接纳和人口流动,鉴于法兰西岛是唯一始终经历自然正增长的欧洲地区,因此我们需要建造这150万套住宅。那么,建在哪里呢? 新建的同时,当然不能加剧社会不平等,当然不能接受现如今还会出现"围墙外"新的排斥②。我们都知道,在城市中心区存

----

　　① 编者注:作者特地强调法兰西平原的原因与当时的政策背景分不开:2002—2007年间,法兰西岛大区设立了规划公共部门以指导四个"战略地区"的转型,其中之一就是法兰西平原,项目得到国家和地区的双重支持。

　　② 编者注:这里指城市中心区域以外的被忽视、边缘化地区,尤其农村地区,形成了一种"墙外"的弃置。

在着条件差的街区。如今,开始出现"脱节"的农村地区,例如塞纳-马恩河以东地区。城市蔓延造成了某种形式的社会分隔与不平等,因为土地价格在法兰西岛已经变得令人生畏。然而,离开中心城区并不意味着有积极的生活规划,因为我们非常清楚,无论如何就业不会跟着迁移到郊区或乡下。

我们必须着手解决这些问题,要接受密集化的理念,接受"恢复"城市建设的事实,重新创造一个积极的城市政治形象。因此,我们必须做出非常具体的努力,致力于提升城市质量并为此投入资金,从各个方面进行投入。而后,还需要思考:在实现量化的建设目标之上,如何为 21 世纪的欧洲城市构建出一个新模范。这正是新的总体规划中一个重要的想法。

在有限的篇幅里,想要充分描绘这个总体规划的构成,是一种冒险。但在本文的最后,还是简要地介绍几个的大方向:交通、经济发展、环境……并在结语中略谈几句关于该地区规划和治理的关键因素,那就是在不同尺度上的关联和衔接。

首先,关于交通。我们需要在法兰西岛大区建设公共交通基础设施,一些数量庞大且耗资巨大的重型基础设施,例如:巴黎环城快线(Arc Express)计划、地铁线路延伸及扩建项目、拥有专用车道的公共交通项目、有轨电车项目。更重要的是,我们需要将所有这些基础设施网络化,摆脱过于放射状的结构,增加切线方向,从而发展出更加融合、更便捷的系统。

在经济活动方面,希望看到就业中心区得到发展,这些中心区能够更合理地分布在整个地区。这个建议无论多么简单,都会受到冲击。在我们与经济学家和就业问题专家的第一次会面中,他们就曾说过,由于居住缺乏可移动性而劳动力市场则具有流动性,我们所要做的就是组织实体交通,仅仅是交通而已。然而,在 15 年或 20 年以后,这样的模式很可能不再奏效。因此,我们的观点更倾向于让住房接近就业,或者是反向的(就业接近住房)。试图识别新的发展中心并为这些新中心提供环境,同时抑制城市蔓延;继而建设新的城市化区域中心,用于发展住房和就业,并推动全部场所的功能复合化利用。

关于环境问题，我们努力应对所出现的挑战：考虑城市连续性；考虑在
法兰西岛整个区域范围的水资源管理；考虑我们的优势——如此明显的优
势以至于我们可能有点把它们忘记了。其中最主要的优势叫作塞纳河。
事实上，从一开始就应该把它作为一个战略规划的依托。值得庆幸的是总
体规划内部调研委员会也确认了这一点，认为它应该成为一个非常强大的
结构性要素。为此，必须找到非常实质性、非常具体、非常具有可操作性的
不同方法。至少，我们已经在尝试尽可能地深入思考并推动这个想法。

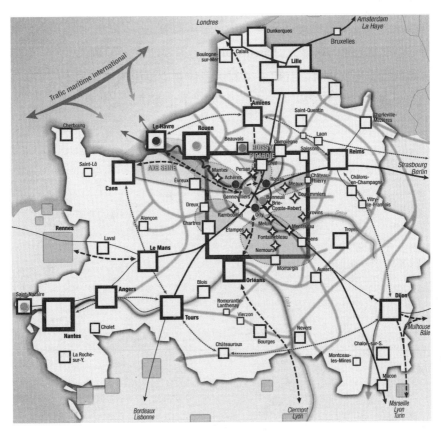

图 7.3 《法兰西岛大区 2030 总体规划》跨区域巴黎都市圈空间规划（2013 年）

注：© IAU ÎdF。

最后，让我们简要地回到交错而又冲突的空间尺度问题上。在交通方面，例证很简单：在街区尺度上，居民想要平缓且慢速的模式，这合情合理；在区域尺度上，交通则是大规模的、快速的且嘈杂的。在这样看似矛盾的画面背后，说明了需求的合理性不足以作出果断的决策，而且无论需求大小都不能作为唯一的判断理由，必须找到调节方式，而这种调节方式的合理性既不是通过技术相关性或实际需求的表达（这两种需求都是实际的、可行的且必要的）来获得，也不是通过相关地区内的民主合法性来获得（这两种合理性都要）。我们所需要的正是不同尺度空间的衔接，以解决这种紧张关系。

从区域规划的视角以及对于欧洲组织而言，有一个空间尺度尤为重要，这就是"巴黎都市圈"（Bassin parisien）。鉴于多种原因，1998年之后区域间合作有所下降。我们必须利用总体规划框架来恢复这个工作，包括与周围各个地区、省以及"巴黎都市圈"中主要市镇之间的合作。

M8 大巴黎大都市发展面临的主要挑战

    21 世纪初,迎来了对法兰西岛大区未来探讨的新阶段,主要是对巴黎作为大都市地区的未来发展进行辩论。研究世纪之交在巴黎政治人物语言中对"大都市"一词的使用,是一件非常有趣的事。这个词的正式使用仅从五年前开始,在今天,一切就已经变成了"大都市"的。这意味着,那些曾经相当僵硬的观点,也是导致该地区出现问题状况的观点,已经被动摇。

    近年来,巴黎西部和东部的收入差距不断扩大。这是该地区的一个现实情况,然而我们却仍被告知这个地区的状况很好。它正在经历重大危机,特别是当我们回想起 2005 年的城市骚乱①。这类事件很可能在一夜之间重演,因为今天郊区的情况与原先一样。

    有关这个地区未来的辩论已经重新开启。作为一个大都市,其民主政府的形式受到质疑。特别是巴黎市政府的政治和行政组织,不适应现代大都市的出现。巴黎市仅占整个法兰西岛大区领土的 1%,但有 220 万

---

① 编者注:2005 年在巴黎郊区因移民事件引发的骚乱,蔓延至法国多个地区,乃至欧洲其他地区。问题的根本在于社会公平性,尤其体现在郊区移民的种族、住房、就业、教育等问题。

居民和 170 万就业岗位,在拥有 1 100 万常住人口的大区中就业岗位占到 30%。高密度城市区域包含了距离中心最近的 80 个市镇,占大区领土的 4%、公共交通的 90%、就业岗位的一半、住宅数量的一半和社会住房的 60%。

自 2001 年以来,在巴黎和其他几位市长的倡议下推动并创建了"大都市会议"(Conférence métropolitaine)。巴黎大都市议员们在这里进行对话,共同找出该地区高密度区域的特殊性,这些特殊性需要特定的应对措施。该会议的优势之一在于它创造了一个不涉及权力问题的新的政治景象:由十几位市长于 2005 年发起,到今天已经汇集了上百位地方议员、市长、跨市镇联盟主席、大区议会和地方委员会主席。该会议仍在发展中。这个完全非正式的政治平台逐渐转变为一个制度化场所,以混合联合体的形式,前期主要是为了确定大都市项目及其融资问题。在我看来,它应该是大都市中心区的民主政府在迈向其他形式过程中的一种过渡形式。

从大都市的治理中引出一些问题,对此,我们应该共同寻找答案。大都市应该具有什么样的政治组织? 又应该如何定义其城市政策?

一、大都市地位和功能定位

(一) 相对于行政意义上的大区,大都市的地位如何?

法兰西岛大区是一个切实的民主机制,保持大区的凝聚力是一个共同的政治愿景。至于人们所说的巴黎"大都市区",我无法评价这种说法正确与否。但针对某些特定的问题,需要在大都市层面采取与大区层面不一样的处理方式,特别是在规划开发、交通和住房领域,应该对所要实施的投资性质和投资总额在不同层面上加以区分。

一个显著的例子,是关于建设巴黎环城快线(Arc Express)①或称"地铁环线"(Métrophérique)的辩论。这是一条围绕巴黎的环形地铁线路,巴黎大众运输公司(RATP)在 2002—2003 年提出要建设该基础设施。辩论由"大都市会议"负责组织,在总体规划(修订)的框架下进行。一些知名政客对此表示过质疑,但最终辩论结果凸显出建设这项基础设施的必要性,使其成为大都市区的优先事项。

(二) 国家如何考虑其首都的新定位?

从 20 世纪 80 年代开始,无论是哪一届政府都将国家干预从巴黎地区大规模抽离,甚至是有意识地削弱该地区,以便在国家层面上重新分配原本集中在这个国家心脏上的财富资源,特别是在就业方面。然而,现如今国家的态度发生了明显变化:最明显的例子是成立了一个专门负责首都地区发展的国家秘书处,这在法兰西共和国历史上还是首次出现②。另一个例子是由国家发起的"大巴黎/大挑战"[Grand Pari(s)]国际咨询③。站在国家的立场上,这似乎是有意愿地将巴黎大都市区域作为一个整体组织起来,以利于更好地参与全球大都市竞争。

因此,我们可以用另一种方式看待巴黎这个大都市,可以清晰地认识到它与世界大城市或大都市网络的联系,与此同时,思考全球竞争对地域和人口的影响。社会不平等现象严重,众所周知,这是所有大都市都面临的问题,包括巴黎在内。

---

①　编者注:巴黎环城快线由法兰西岛大区主导,后与由国家主导的"大巴黎公共交通网络"(réseau de transport public du Grand Paris)融合成为今天的大巴黎快线(Grand Paris Express)。

②　编者注:时任法国总统萨科齐任命的首任负责首都地区发展的国务秘书,克里斯蒂安−布朗(Christian Blanc),提议在巴黎周围建立主要经济集群,并建立一个高效的大巴黎公共交通网络,将这些集群与机场、高铁站和巴黎市中心连接起来。

③　编者注:同样是时任法国总统萨科齐提出的对巴黎大都市区未来研究与发展的一项国际咨询"巴黎聚居区的大巴黎/大挑战"。其中,Grand Pari(s)是双关语,即"大巴黎(Paris)/大挑战(pari)"。下文中简称为"大巴黎国际咨询"。

二、多中心与功能疏解的辩论

(一)围绕多中心模式

这个地区的多中心模式,通过在 20 世纪 60 年代、70 年代、80 年代的各种变形呈现出它的不同发展阶段。即便如此,直到现在,该地区的多中心模式仍然很难被凸显出来并获得认可,尽管现实情况已经非常清晰:一个大都市的核心(中心:巴黎市)和周围一些重要的发展极核(次中心:大区内其他重要的中心型市镇或市镇联合体)。这些次中心的特殊性在于它们与巴黎的紧密连接,其中一些紧紧围绕着环城公路(内环)组织起来。这个基础设施既是大都市中心的一个元素,也是它与次中心之间的一条连接纽带。这些次中心和巴黎中心之间的联系一直存在着问题。在所谓的多中心方法中,出现了一些观点,倾向于创建新的强大的跨市镇联盟,这有时出于一种与巴黎相对立的想法而得到认可。也就是说,建立跨市镇联盟是为了在与巴黎的力量对比中变得更加强大。这种观点,在我看来完全不适时也不适当。巴黎大都市区中各个地方政府的共同利益在于在一个适当的尺度上建立一个地区整体,以利于与国家进行对话,因此,将各个地方(市镇)组织起来是为了促进它们之间的互补性而非竞争。然而今天,没有人愿意说出来、议员们也不承认的是,巴黎大都市的各个中心之间正在进行激烈竞争。

为了试图缓和关于中心的辩论,避免使用令人不快的词语,我们开始将巴黎称为"密集型城市"。这涉及如何理解有关社会归属、气候变化、能源危机等问题。但更重要的是针对高密度城市中所产生的交流,建立一种能够促进交流品质和激发交流力量的新方法。因此,要以不同的方式思考这个大都市中心的未来,包括以不同的方式思考在交通和住房建设上的投资。特别是,如果能够充分利用内环以内的可建设用地,开发令人振奋的新项目,重新投资大都市中心将成为可能。

(二) 逾越行政边界

在法兰西岛大区总体规划框架下,巴黎决定超出自身边界,代表大都市的中心,周围环绕着结构化的、现有的或正在发展的地区其他中心。这是一个大胆的举动,因为在过去的总体规划中,巴黎一直是由一个单一的色块①来表示:巴黎市政府仅负责它自己的事务,而其他地方政府也仅负责它们自己的事务。周围所有这些中心,不论它们多重要,都置身于一个与巴黎的中心化地位相关联的系统中,而巴黎在这个系统中始终处于绝对中心的位置。

拉德芳斯作为巴黎以西的一个地区中心,是一个重要的商务区。它的中央商务区的员工数量、办公面积分别是该地区其余部分的四倍、五倍。一些政治演说推销这个地区,但并没有反映它在大都市地区组织中

图 8.1 遥望拉德芳斯 (2022 年)

注:© Fabrizio Marzilli。

---

① 编者注:在此之前的区域总体规划中巴黎只有一个范围,没有任何细节,巴黎与区域内其他地区被分隔开来。

的现实情况,因此收效甚微。因此,重要的是,使各个中心跨越其行政边界,编织成一个共同的网络。

最主要的困难在于,今天的巴黎是孤立的,无法进入一个跨市镇的系统中。假设巴黎加入一个典型的市镇联合体,这绝对具有破坏性,因为这将破坏现有的行政体制,如(行政)省、已经建立的跨市镇联盟以及大量的城市合作联合会①。此外,相较于大都市所包含的现实,一个市镇联合体似乎过于僵硬,因为大都市是由交流而构成的,不能简单地归结为绵延的建成区。

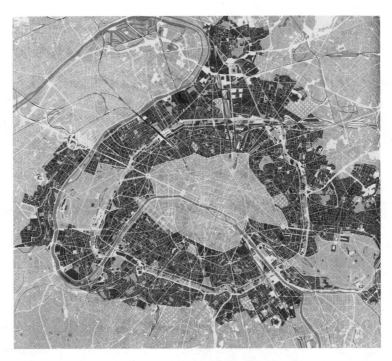

图8.2 大都市中心区的公园与花园(2007年)

注:© IAU ÎdF。

---

① 编者注:巴黎不属于它们其中的任何一种,如果巴黎成为其中一员(不论是以市镇共同体的形式出现或是其他形式),由于巴黎的特殊性,都将动摇其他行政区域或联盟的现状存在形式。

图 8.3 大都市中心区的跨边界项目（2007 年）

注：© APUR。

三、住房等其他问题挑战

因为住房严重短缺，同时必须考虑建设一个拥有完备设施的高密度城市，所以需要在大都市中心尺度上寻找解决方案。然而，今天该地区的每一个部分都在单独应对，通常在各自的市镇或市镇联合体范围内以孤立的方式应对这个亟待解决的问题，面对极其强大的市场，它们没有能力实施符合公共利益的准则。因此，有必要在大都市尺度上并且在区域愿景的框架内组织协调住房的公共政策，从而能够对土地资产的利用、主要利益相关者的行动产生影响，形成一种融合居民的住房改善及生活选择问题的新住房供给。

关于巴黎大都市未来的辩论不能局限在一个知识分子和政治"精英"的圈子里。这应该是一场关于这个大都市发展及其政治组织的民主辩论。我对奥利维尔·蒙甘(Olivier Mongin)的话相当"感冒"。他说,如今,一部分决定是在大都市尺度上做出的。然而,没有任何政治组织允许市民对在大都市尺度上所做的选择施加直接的影响。因此,对大都市进行政治权属上的重新分配,虽然形式尚待确定,但这是一个与大都市身份认同相关的基本民主问题。正因为对大都市归属感的缺乏,才助长了向各自市镇(或市镇联合体)的退缩,这是非常具有破坏性的。

M9　巴黎聚居区的大都市发展机遇

一、大都市形象

几年以来,作为教师、研究者和实践者,一直萦绕在笔者头脑里的一些问题是:什么可以用来代表一个大都市? 它与居民归属感又有着什么样的关系? 个人认为,在今天,如果一个地区没有一个共同的形象,就不可能对其进行设计。这就提出了关于大都市的表征问题:当它介于图形表现和非物质呈现之间时,如何对它进行定义? 我们今天正强烈地面临着这个问题。

在巴黎美丽城国立高等建筑学院的 IPRAUS 实验室(全称"巴黎研究院:建筑、城市规划与社会"),我们开展了对大巴黎和世界大都市的研究,在这一框架下,我们正在研究如何识别表象。我们今天面临着两种现象。第一种现象是,经过了几年的发展,针对大尺度地域空间,信息技术能够为我们提供卓越的分析能力。利用谷歌地图或其他网站,不论是普通市民还是顶尖的专业人士,人人都可以访问并获得共享资源,这些网站提供了在大尺度上进行地域空间分析的可能性。对笔者而言,这些信息化工具深刻地改变了表现与呈现的方法,主要通过各种不同的层次进行对地域空间的捕捉。第二种现象涉及研究地域空间的学科领域。在研究和思考大型都市地区的历史进程中,近年来,我们不得不面对一个事实:地理学者已经一定程度地放弃了自然地理学,而选择了经济和社会地理学,后者是一个引人入胜的领域。

在这两种现象与表象问题的演变之间存在着卓有成效的互动。"如何创造出一个地区的共同形象"这个问题与全球化的背景息息相关,得益于新的信息化工具,我们正在见证地理学的回归。

二、世界大都市身份

皮埃尔·克莱门特(Pierre Clément)领导下的 IPRAUS 实验室对大巴黎的分析显示,世界上主要的大都市都与大型的经济系统相连接,这些也是重要的贸易系统。按照目前对巴黎大都市的定义,它并不属于这个类别。当我们在一些英语文献中翻查关于大都市的标准及分析时,巴黎和巴黎地区是作为文化或历史方面的大都市出现的。而从宏观经济角度来看,巴黎大都市正在将自己封闭在一种对身份和边界的找寻中。它不再出现在一些具有参数列表的国际排名中。与之相反的一个例子是丹吉尔(Tanger)——与我们相距不远,在大西洋沿岸,位于摩洛哥边境上,一个正在兴起的大都市。得益于在国际贸易中的重要性,丹吉尔正在赢得一个重要的大都市身份。鉴于其优越的地理位置,拥有地中海的门户地位,并位于欧洲和非洲的连接处,根据一些具有宏观经济特性的标准,丹吉尔已经变得极为重要。

对巴黎大都市而言,问题在于它的欧洲都市身份。到 2050 年,即我们目前正努力规划的时间节点,大巴黎地区会变成什么样子? 这片土地能否在整个欧洲大陆地区拥有一个身份和地位?

很显然,在寻求未来发展的道路上,巴黎和大区将并肩出发,二者所具有的强大品质与历史、文化、身份认同等相关。但是巴黎没有港口。所有的世界经济大都市都有港口。港口引导着重要的经济贸易回路。因

此,欧洲北部运河的建设是一个契机,这条北欧大运河将一直抵达康弗
兰-圣奥诺林(Conflans-Sainte-Honorine)①,塞纳河将成为这个网络中的一
部分。特别是现如今鹿特丹、安特卫普和鲁尔等地区已经饱和,面临着自
身已经没有空间发展的严峻问题,更需要塞纳河在北欧大运河网络中发
挥作用。

　　巴黎是一个重要的文化大都市,而不是一个重要的经济大都市。在
全球竞争中,绝对有必要拥有一个海上运输出入口,这样的必要性同样与
大都市身份问题相关。"巴黎将勒阿弗尔(Le Havre)纳入并成为同一个
城市②,塞纳河是其中的主街",基于儒勒·米什莱(Jules Michelet)③的这

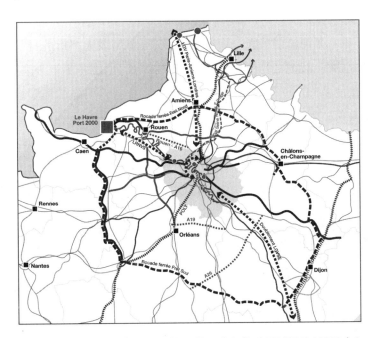

图 9.1　大巴黎国际咨询:巴黎连接勒阿弗尔的跨区域网络(2008 年)

注:ⓒ Grumbach。

---

　　①　编者注:法兰西岛大区伊夫林省(Yvelines)的一个市镇。
　　②　编者注:诺曼底大区塞纳-海滨省(Seine-Maritime)的海港城市。勒阿弗尔是法国在大
西洋沿岸重要的港口,塞纳河在这里入海。
　　③　儒勒·米什莱(1798—1874),法国知名历史学家、作家,著有《法国史》。

句话,我们思考了朝向大海的方向展开,提出了从大海直到巴黎再延伸到默伦(Melun)①,构建一个重要的欧洲大都市。其间,塞纳河就代表了它的身份。当然,不仅仅是塞纳河本身:是这条河以及包括其所有支流的整个流域,共同构成了这片地域的地理身份。

三、作为地理身份的塞纳河

对于所有法兰西岛、下诺曼底和上诺曼底地区②的居民来说,与塞纳河的联系具有非常重要的意义。这种联系可以构成一个共同的身份认同:依托着一条河流的一大片广阔的地域、一个超级大都市的身份,这是一条历史的河流、记忆的河流、地理身份的河流,也是一个被分享且可分享的表象的基础。巴黎目前的中心放射状系统有着明显的局限性,并且包含了身份缺失的内在缺陷。中心是存在的,但对于居住在距巴黎20或30千米以外的人们来说,缺乏身份认同;这里的人们不属于任何一个共同体。然而,水资源管理是一个所有人都可以参与并分享的基本问题。当我们关注的是塞纳河的整个流域,就会发现这里拥有了一个命运共同体、组织共同体和一个共同的历史性结构……而一个港口③,既代表了一个世界经济大都市的潜力,也是围绕塞纳河流域构建起来的身份认同的一部分。

此外,自从《京都协定书》(1997)签订以后,在今天的世界中根本问题是我们能够以何种方式组织与可持续发展相关的一切。正如克里斯蒂安·布兰克(Christian Blanc)所说,这涉及如何在世界超级大都市中创造一种新的生活艺术。事实上,塞纳河流域也是一个水路、公路和铁路运输

---

① 编者注:法兰西岛大区塞纳-马恩省(Seine-et-Marne)的一个市镇。
② 编者注:这里覆盖了作者上文中提出的从巴黎直到勒阿弗尔,由塞纳河串联起来的整个行政区域,相当于今天的法兰西岛和诺曼底两个大区。
③ 编者注:指塞纳河在大西洋入海口处的勒阿弗尔港口城市。

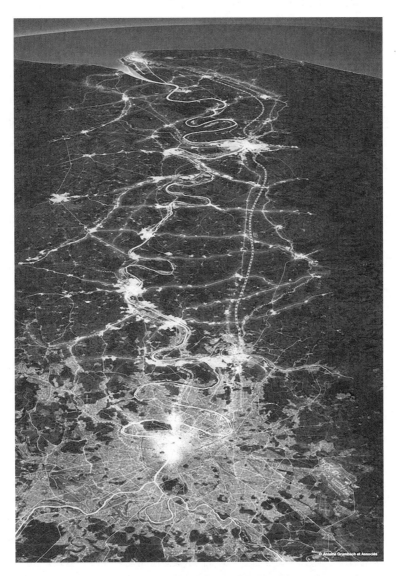

图 9.2　大巴黎国际咨询：巴黎到勒阿弗尔港的塞纳河流域(2008 年)

注：Ⓒ Grumbach。

系统。因此,提供了一种可以结合独特空间品质进行组织的交通框架。

21世纪的城市将与高密度相关,大面积的自然空间将高密度聚集区分开,这就提出了关于城市农业的问题。塞纳河流域的所有大平原、所有大空间如今都转向发展谷物种植业,在共同农业政策(PAC)下用于出口。如何将这种农业转变为本地化的城市农业,其产品可以避免生菜的碳足迹变得具有灾难性? 这只是一个形象的说法,但是当一颗生菜来自西班牙南部时,它的碳足迹一定是可观的。实际上,我们附近就有一些地区有能力进行大量生产并且可以重新组织配送。

我始终认为,规划一个有着身份认同且可持续的经济大都市应该基于塞纳河的尺度进行思考。按照这样的方法,事实上,法国可以不需要21个大区:只需要将每个大的流域作为一个大区。如此,就有了塞纳河大区、卢瓦尔河(Loire)大区、加龙河(Garonne)大区、罗纳河(Rhône)大区和莱茵河(Rhin)大区。当我们列出这份名单时,我们实际上提到了法国的全部领土,而且每一片领土对应一个身份。也因此,在马赛和里昂之间,或在南特(Nantes)、圣纳泽尔(Saint-Nazaire)和奥尔良(Orléans)之间,都会通过河流的联结形成一种地区间的团结。在所有这些法国大都市地区中,如果说要建立一个欧洲大都市地区,塞纳河流域及其城市组织将为我们呈现一个重要的发展模式。

四、改造更新与提高密度

现在,我们将如何着手去做? 这就是大巴黎国际咨询的意义,也是向十个参与团队抛出的口号:起草设计方案,继而思考治理模式。很显然,我们今天的城市处于一种改造更新的文化之中。基础文化的意识形态已经消失。那些基础文化继承了19世纪至20世纪初的乌托邦思想:总是在创造,在另外的地方建城,建造新城。这些乌托邦式的理念与实践导致了一些谬误,而正是这些谬误在今天引导我们意识到,我们现在正处于一种改造更新的文化之中。必须在现有的城市之上，从城市的建成区着手，进入包括改造更新、增加密度以及经济、社会、空间演变在内的现实和具体行动。

沿着塞纳河谷，在巴黎地区有大面积的建成区。25 年前，笔者在《世界报》(*Le Monde*) 上写了一篇文章《在城市化区域以外不再建设一平方米》。今天，我要重申同样的观点。以巴黎地区的铁路线为例，如果我们关注那些轨道交通站点，每一个站点所在的地方都可以将密度提高到原来的 3 倍，甚至 4 至 5 倍。我们现在看到的那些独栋住宅建造于轨道初建时期，而今天随着轨道网络的延伸我们可以在 15 分钟内从乡下到达巴黎市中心。这正是如今在近郊轨道站点旁仍保留独栋住宅不合常理的地方。

关于交通以及提高所有交通节点密度是非常关键的问题。近几年来所从事的关于大型都市系统的工作恰好为笔者提供了这方面的经验。为了编织或解开交错复杂且相互联结的线网，建立或拆解在土地空间、交通、被边缘化区域和富裕区域之间的互补性，有必要找到并刻画出一些线。这些线是土地空间中的主要轴线，而交通很显然是能够将其结构化地组织起来的主要框架。

大巴黎国际咨询汇聚了 10 个团队。每个团队有大约 25 人，因此，一共有 250 至 300 人在 6 个月时间里投入这项工作。可以肯定，这是一场关于 21 世纪大都市的真正辩论，并产生了有价值的想法。在此基础上，我们甚至考虑到下一届世博会，主题应该定为：什么是大都市？上海世博会提出关于可持续的城市问题。我们想要提出的问题是关于大都市的定义：在这里，我们可以生活、可以交流；在这里，有着共同的身份认同和共享的地域空间。毫无疑问，在选址上，我们将提议组织一场巴黎-鲁昂-勒阿弗尔直到默伦的大型世博会。

Ⅳ 规划比较

M10　区域协调与空间治理背景下的上海大都市圈空间协同规划编制创新探索[①]

中共十八届三中全会明确"国家治理体系和治理能力现代化"是全面深化改革的总目标,空间治理成为推进这个目标的关键环节。在空间关系中,国家和区域经济社会发展需要面对"区域关系"的基本问题。都市圈作为区域协调发展和空间治理的重要抓手,在国家发展大格局中的作用愈加显著。在此背景下,开展《上海大都市圈空间协同规划》(简称"上海大都市圈规划")的编制恰逢其时。在梳理国内外都市圈规划实践探索基础上,本文将上海大都市圈规划在编制组织、技术体系方面的创新及成效进行总结和提炼,为在都市圈规划领域探索实现区域协调发展和空间治理现代化提供参考。

---

① 本部分选编自熊健、范宇、张振广等:《区域协调与空间治理背景下的上海大都市圈空间协同规划编制创新探索》,《城市规划学刊》2022年第2期。

一、上海大都市圈空间协同规划的研究背景

（一）区域协调发展上升为国家战略并得到实质性推进

区域协调发展战略是新时代国家重大战略之一。党的十九大报告首次提出"实施区域协调发展战略",2021年国家"十四五"规划纲要进一步明确"坚持实施区域重大战略、区域协调发展战略"。在此背景下,长三角一体化发展国家战略也通过三年行动计划、"十四五"实施方案等系列举措得到实质性推进。上海大都市圈立足长三角进行谋划,有利于形成区域一体化、同城化发展的典范,对于落实长三角高质量一体化发展具有重要意义。

新时代背景下,中国将逐步形成以国内大循环为主体、国内国际双循环相互促进的新发展格局。都市圈以全球城市区域的空间组织形态,成为参与"双循环"的基本单元、参与全球竞争的重要载体。同时,世界竞争与合作的主体日益由单个城市走向以全球城市为核心的城市区域。上海大都市圈作为各城市间产业结构较为均衡、创新互动基础良好、社会治理共同协作的开放型全球城市区域,将承担起对外开放竞争、内外体系连接的重要战略职能。

（二）空间治理现代化成为区域空间规划的重要目标

《中共中央关于全面深化改革若干重大问题的决定》要求"推进国家治理体系和治理能力现代化"。空间是治理的基础和对象,从区域发展实际情况看,区域协调中存在的问题首先体现为空间发展的不协调、不平衡甚至是冲突。空间治理可以通过资源配置实现国土空间的有效、公平和可持续的利用,以及各地区间相对均衡的发展。区域空间规划以空间治理作为本质属性,其重点在于以等级、职能和空间结构分析为基础,对区域开发活动的空间布局和时序进行引导。

从中国城镇化发展来看,"十三五"时期主要围绕城市群展开,但其范围过大,缺乏实施抓手,建设"空心化"现象较为突出。相对于城市群,都市圈的空间范围可以识别,而且更有规律性。近年来,国家层面陆续发文提出都市圈工作目标及要求,国家"十四五"规划纲要进一步将都市圈定位为新型城镇化战略的重要组成。落实国土空间规划体系改革要求,上海大都市圈更需要充分发挥都市圈规划的空间治理作用,合理安排好各项空间资源要素,加强空间功能引导,解决空间统筹的实际问题。

（三）上海大都市圈规划既是圈内协同发展的共同期望,也是区域空间协同治理的新探索

规划建设上海大都市圈响应了圈内多元主体协同发展的迫切诉求。上海大都市圈9个城市具有深厚的历史渊源,地缘相近、人文相亲、往来密切、交织一体,协同发展的意愿强烈。与国际一流都市圈相比,上海大都市圈正处于转型发展的关键时期,亟待共同应对跨界协同等问题。因此,圈内各主体迫切需要编制都市圈规划,在都市圈整体目标定位下找准自身定位,加速优势整合,整体提升区域国际竞争力。

都市圈经济社会发展需要更加整合的治理创新。通过上海大都市圈规划编制,整合最广泛的力量,自上而下与自下而上相结合,建立城市间多层次合作协商机制,形成区域协同发展的共同宣言;激发市场活力,促进资源、要素在圈内自由流动,引导产业链、供应链合理布局;全面提升人民生活品质,以实现"人民城市人民建,人民城市为人民"的目标。

二、都市圈规划编制的实践与经验

（一）都市圈规划编制的国际经验

目前,国际上都市圈规划编制已经历近百年的实践过程,如纽约都市圈自1929年已编制4版规划,东京首都圈自1958年已编制7版规划。

其中,有如下经验值得借鉴。

一是规划范围上相对稳定且能动态调整。国际都市圈一般会构建一个面积 3 万—5 万平方千米且与时俱进的都市圈范围。如东京首都圈1958 版规划范围为 1 都 3 县,面积为 1.34 万平方千米;根据日本《首都圈整备法》,1968 年规划范围确定为 1 都 7 县,面积为 3.69 万平方千米;基于《日本国土形成规划》,2009 版规划范围拓展至 1 都 11 县,面积为 8.46万平方千米,重在强化东京与周边更广泛地区的对流。

二是规划思路上基于问题导向设定目标与主题。国际都市圈规划均注重问题与挑战分析,提出切实可行的目标与规划重点。例如,2016 年东京首都圈规划识别了其面临的 2020 年奥运会、福岛核泄漏、高度老龄化等挑战,进而提出人文聚集的创意都市圈、高质高效的精品都市圈、多元对流的共生都市圈三大目标。《纽约都市圈第四次规划》基于其生活成本增加、基础设施衰败、环境威胁、大多数人机会有限等问题,提出了公平、健康、繁荣、可持续四大目标。

三是规划内容上注重战略引领与行动支撑。国际都市圈规划均围绕目标愿景,精准设计规划策略和行动。如:2016 版东京首都圈规划明确提出"目标—战略—项目—行动"的规划思路,根据目标愿景提出五大战略、38 个项目、114 项行动,并每年编制实施情况报告对项目开展跟踪监测;《旧金山湾区 2040》提出集中增长、土地供应、运输投资、环境保护四大战略,以及"促进住房平衡""激发经济活力"和"增强城市韧性"3 项行动计划。

四是规划组织上注重多元参与和协同治理。西方国家在规划管理中逐步建立起完善的社会参与制度,提高了决策的科学性和实施的可行性。如:《芝加哥大都市区迈向 2050 综合规划》吸引了 10 万多名居民参与,在规划实施中也充分依托各级政府以及公共和私营部门的合作;《旧金山湾区 2040》通过举办 190 多场公开听证会,广泛征集 9 个县中各类人群的意见。

(二) 都市圈规划编制的国内实践

国内近年来也陆续开展了部分都市圈规划编制,包括 2002 年南京都市圈规划、苏锡常都市圈规划、徐州都市圈规划,2005 年哈尔滨都市圈规划、2014 年武汉城市圈规划、2016 年南京都市圈规划,以及 2021 年国家发改委相继批复的南京都市圈规划、福州都市圈规划和成都都市圈发展规划。总结近 20 年规划探索,主要有如下特征。

一是规划范围认定标准多元。与国外都市圈一般基于通勤的标准不同,国内都市圈范围界定兼有技术论证与行政认定的双重内涵。如:福州都市圈范围界定主要采取手机信令等大数据分析明确 1 小时通勤范围,再以县级为基本行政单元校核而成;武汉城市圈则是基于《关于加快推进武汉城市圈建设的若干意见》,将范围明确为武汉与周边 8 个城市的市域范围。

二是规划定位主要有发展规划与空间规划两类。发展规划侧重经济社会发展等内容,一般由发改委组织编制,如 2021 年发布的《南京都市圈发展规划》;空间规划侧重要素资源的空间布局等内容,一般由规划建设主管部门组织编制,如 2015 年相关城市人民政府联合印发的《南京都市圈城乡空间协同规划》。

三是技术框架与编制内容各有侧重。国内都市圈规划呈现不同的内容重点,以应对不同的发展阶段和现状问题。如:在 2002 年编制的江苏省 3 个都市圈规划中,苏锡常都市圈发展较为成熟,规划强调苏州、无锡、常州之间的基础设施互联互通;南京都市圈具有"强核心"特点,规划重点强调跨界地区协同发展;徐州都市圈处于培育阶段,规划重点强调核心城市功能培育与提升。

(三) 小结:都市圈规划既要借鉴相关经验,更要因地制宜

国外都市圈规划一般为倡导式的协作规划,强调社会多元参与,考虑到国外行政体制和发展阶段与中国相比差别较大,因此难以简单照搬。国内都市圈规划主要采用自上而下行政主导模式组织编制和实施,社会

层面的发动和影响不足,多元主体参与尚处于萌芽阶段;同时,规划内容主要聚焦目标、功能、策略等,对空间协同与行动项目关注不足,对常态化运作的协同机制也关注偏弱。

随着都市圈规划编制全面开展,对于规划方向、技术思路、内容重点等核心问题仍需不断探索与明确。因此,《上海大都市圈空间协同规划》作为《关于建立国土空间规划体系并监督实施的若干意见》颁布实施以来,经自然资源部同意并指导,由省级地方政府、有关省辖市政府联合编制的都市圈国土空间规划,既是新时代全国第一个跨省域的国土空间规划,也是新时代全国第一个都市圈国土空间规划,在编制组织、技术成果体系等方面作出了积极的创新探索与尝试。

三、上海大都市圈规划的编制组织创新

针对上海大都市圈跨省域、多主体协同的特点,探索以编制组织创新促进区域空间协同治理的路径,采取了"共同组织、共同编制、共同认定、共同实施"的组织模式,实现了从城市政府主导向多主体协同参与的转变,从自上而下编制向跨地域平等协商的转变。

(一) 共同组织:构建共同的组织机构与协同平台作为基本保障

跨区域规划的编制离不开区域性机构的支撑。一方面,成立区域性协同组织机构,保障规划的顺利编制与实施。成立上海大都市圈空间规划协同工作领导小组,负责对上海大都市圈规划的编制、审查、实施等工作进行指导和决策,对跨地市的重大规划、重大项目等进行统筹协调。其下设办公室,负责上海大都市圈规划的具体组织和协调。另一方面,搭建协同工作的框架,强化地方、部门的责任与担当。构建了"三地九方十部门"的跨地域、跨领域的矩阵式协作平台(见图10.1),并强调相关主体各

负其责、各扬所长。在上海市规划资源局、上海市发改委总体统筹下,系统行动由上海市相关委办局牵头,板块行动由相关城市政府牵头。

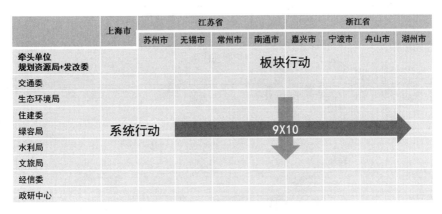

图 10.1 三地九方十部门的工作框架

（二）共同编制:协调国家部门、各地专家及规划团队共同参与编制

借鉴纽约都市圈由区域规划协会（RPA）主导、东京都市圈由中央地方政府与学者共同参与编制的思路,坚持“开门编规划”,整合政府、专家、规划团队各方优势,探索共同编制的联盟式创新治理新模式。

一是组建规划协同指导委员会,寻求上级政府的指导和支持。邀请国家部委及相关司局领导共同组建,既对规划编制中的重大事项、协调机制等进行指导与支持,也对都市圈规划重点与技术内容等予以讨论。

二是组建规划协同专家咨询委员会,充分发挥专家智库的作用。专家的专业技术权威与客观公正立场是提高规划科学性的重要保障。因此,邀请两院院士、研究机构或部门专家等组建咨询委员会,既对规划的战略方向予以指导,也对各阶段成果予以研讨。

三是组建联合编制团队开展共同编制,整合各团队优势编制形成高质量的规划成果。中规院上海分院作为规划技术总体统筹团队,负责战略愿景总报告、五大空间板块行动的编制以及八大系统行动的统合工作。

世界银行、上海社会科学院等负责目标愿景专题的平行研究,上海市规划院、同济大学等承担其他战略专题研究,上海市建交院、上海市环科院等具备专项特长的团队承担八大系统行动的编制(见图10.2)。

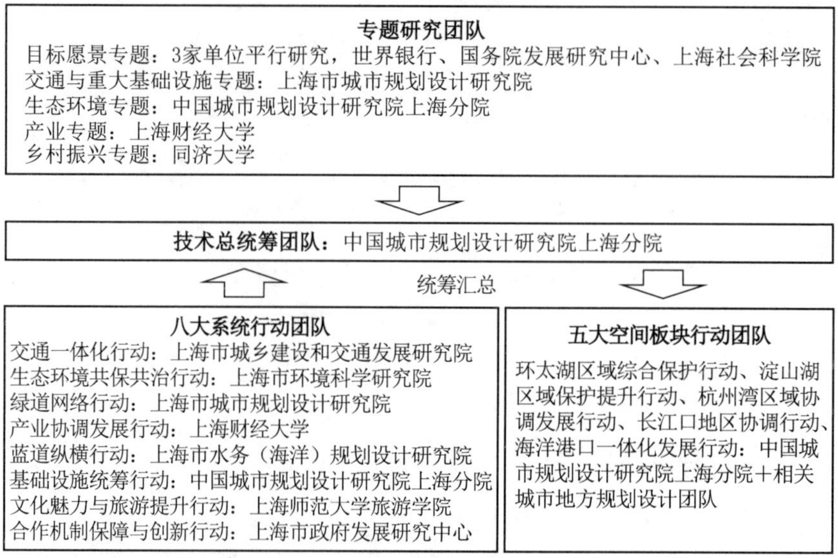

专题研究团队
目标愿景专题:3家单位平行研究,世界银行、国务院发展研究中心、上海社会科学院
交通与重大基础设施专题:上海市城市规划设计研究院
生态环境专题:中国城市规划设计研究院上海分院
产业专题:上海财经大学
乡村振兴专题:同济大学

技术总统筹团队:中国城市规划设计研究院上海分院

 统筹汇总

八大系统行动团队
交通一体化行动:上海市城乡建设和交通发展研究院
生态环境共保共治行动:上海市环境科学研究院
绿道网络行动:上海市城市规划设计研究院
产业协调发展行动:上海财经大学
蓝道纵横行动:上海市水务(海洋)规划设计研究院
基础设施统筹行动:中国城市规划设计研究院上海分院
文化魅力与旅游提升行动:上海师范大学旅游学院
合作机制保障与创新行动:上海市政府发展研究中心

五大空间板块行动团队
环太湖区域综合保护行动、淀山湖区域保护提升行动、杭州湾区域协调发展行动、长江口地区协调行动、海洋港口一体化发展行动:中国城市规划设计研究院上海分院+相关城市地方规划设计团队

图10.2 联合编制团队组织框架

(三)共同认定:强化全过程沟通与最终成果的联合印发

都市圈规划一般有上级政府审批与地方共同认定两种形式。上海大都市圈作为协同基础良好的都市圈,在长三角一体化发展国家战略引领下,能够通过平等协商在发展方向与协同内容等方面达成共识,因而更宜采取地方共同认定的模式。

一是规划编制前充分调研与对接,听取各方发展思路与协同诉求。联合编制团队针对9个城市开展了全方位、多主体的20余天调研,共举行了64场座谈会,走访了103家企业,覆盖了43个县级行政区、39个产业园区和11个港区,为规划编制奠定了坚实基础。

二是规划过程中广泛研讨与交流,坚持求同存异以形成更多共识。

召开 6 场专家咨询会,通过对技术问题研讨收到诸多真知灼见;开展 5 次省级全面研讨会,通过充分协商而不断消除分歧、达成共识;开展 40 余次城市、部门对接会,进一步聚焦具体内容进行沟通交流。广泛的沟通与交流使上海大都市圈规划成为一个更符合实际、更富有共识的协同式规划。

三是规划成文后充分吸取各方意见,渐进推进规划成果的完善。围绕完整成果前后开展了 4 次书面意见征询,共收集国家层面、地方层面、各地专家等 600 余条建议,并逐条进行研究与答复,采纳比例超过 90%。同时,将意见回复情况整理形成"情况专报""情况说明"分别呈送上海市及苏浙两省,确保各项意见修改情况能及时让各方知晓。

四是最终成果由两省一市政府联合印发,并报自然资源部备案。上海大都市圈空间规划协同工作领导小组于 2021 年 10 月 12 日召开第二次会议,专题审议并原则通过了《上海大都市圈空间协同规划(送审稿)》。此后,上海大都市圈规划成果提交相关省(市)政府进行会签,并于 2022 年初完成,将由两省一市政府联合印发。

（四）共同实施:明确规划实施机制并纳入相关规划推进实施

上海大都市圈规划的实施需要相关行政主体的精诚合作,建立完善的协同保障机制,既体现平等协商又支撑合作共赢,有效发挥上海大都市圈规划的引领与统筹作用。

一是构建规划实施与评估机制,以保障都市圈规划的有序推进。重在建立城市间的长期协作、定期沟通机制,定期召开协同工作领导小组会议,讨论上海大都市圈规划实施中重大事项和年度安排决策;定期组织开展规划实施评估与修编工作,形成动态反馈机制。

二是建立开放式的实施协商机制,因地制宜地探索地方协商合作机制。鼓励多层级主体根据上海大都市圈规划层级传导的要求,组织编制临界地区协同规划、深化专项规划;也可根据地方实际诉求,协商编制各类跨界协同规划、专项规划等,统筹跨区域发展相关事宜。

三是落实到长三角及各地相关规划,凝聚共识推动规划的共同实施。上海大都市圈规划的成果正在并将不断在相关规划中体现与落实,如2021 年 8 月发布的长三角一体化"十四五"实施方案已明确提出,推进上海大都市圈规划编制实施,加快建设都市圈市域(郊)铁路及具有一定城际功能的干线铁路等。各市"十四五"规划纲要及国土空间总体规划也明确提出了融入上海大都市圈、强化功能与空间对接等相关要求与设想。

四、上海大都市圈规划的技术体系创新

在没有现成的完整经验可借鉴的背景下,各参与方通过多轮的研究、规划、沟通、反馈,在平等协商的基础上集合众智、汇聚众力,探索形成契合上海大都市圈实际情况的技术成果体系。整个规划编制过程既坚持了整体的价值导向,也尽力解决各个主体与板块的问题,以推动规划成为共同签署的发展契约,成为各城市用来协作的共识性文件。

(一)规划定位:体现国土空间规划的基本属性及发展规划的要求

从国家要求而言,都市圈规划在《中共中央 国务院关于建立国土空间规划体系并监督实施的若干意见》文件中属于"五级三类"中的特定区域(流域)的专项规划。上海大都市圈规划作为新时代国土空间规划改革背景下的新探索,理应以国土空间规划为基础。随后,中国出台的《关于培育发展现代化都市圈的指导意见》等都市圈相关文件均强调战略统筹、产业分工协作等。同时,突出协同发展成为上海大都市圈各城市的共同诉求,各市调研中普遍希望能明确上海大都市圈的定位职能、创新协同、交通联动等发展内容。因此,上海大都市圈规划也应体现"发展规划"的内容。

（二）范围界定：强调全球城市区域理论与都市圈研究的有机融合

上海大都市圈是以上海全球城市为核心的大都市圈，其范围界定解决了全球城市区域有理论内核但缺划定方法、都市圈有划定方法但国内适应性不足等问题。上海大都市圈规划既从都市圈本身内涵出发，强调地理空间的邻近性；也从全球城市区域理论出发，强调产业链、创新链等功能协同的关联性；还从区域空间治理视角，强调满足各地协同诉求的行政完整性。首先，兼顾都市圈空间界定的空间、时间、流量和引力等主导要素，基于时空距离法、通勤联系法等定量分析，以及基础设施统筹、历史文化渊源等定性分析，初步提出了上海、苏州、无锡、南通、宁波、嘉兴、舟山"1+6"的范围。其次，统筹考虑各地诉求，研究论证江苏省政府、浙江省政府分别将常州市、湖州市纳入规划范围的建议。最后，结合诸多专家建议，突出通勤圈学术概念，突出环太湖地区、沿海地区完整性协同，兼顾当下行政管理及政策投放的确定性，将上海大都市圈范围界定为包括上海、苏州、无锡、常州、南通、宁波、嘉兴、舟山、湖州在内的9市市域行政范围。此外，前瞻性考虑长三角区域人口、建设趋势，以及高速铁路、5G等新型基础设施的发展前景，未来适当延展上海大都市圈空间范围并非没有可能。因此，未来可根据上海大都市圈发展实际动态调整大都市圈范围。

（三）规划重点：探索战略引领、重点协同与区域空间组织的理论创新

第一，基于战略引领，形成共识的目标愿景与协同框架。立足全球视野、落实国家责任、结合地方特色，构建对标国际一流区域的目标愿景，即建设卓越的全球城市区域，成为更具竞争力、更可持续、更加融合的都市圈。在此基础上，重点围绕生态、人文、创新、流动四大维度形成"目标—策略—行动"的指引框架。

第二,基于重点协同,开展以"协同"为核心的有限规划。在生态方面,重点聚焦"水环境"与"碳达峰",提出共建10条区域型清水走廊,力争2030年前总体碳排放达峰等相关设想。在创新方面,重点聚焦"知识集群"与"生产力布局",提出打造多个重要知识集群及世界高端智造集群等设想。在交通方面,重点聚焦"都市圈城际一张网",提出构建扁平化的轨道网络、推动新建城际站点进入城市中心区等相关设想。在人文方面,重点聚焦文旅共建,提出共同培育若干遗产群与文化之路、共同认定多个小镇联盟与乡村联盟等相关设想。

第三,基于空间组织创新,探索构建"三体系一机制"的区域空间规划新技术框架。在生态格局方面,从优先布局建设空间,转向优先构建生态安全格局,倒逼区域建设空间向高质量、一体化发展转型。在城市体系方面,从以往规模等级导向的区域城市体系构建,转向功能导向的多层级、多节点分工,构建上海大都市圈顶级全球城市—综合性全球城市—专业性全球城市—全球功能性节点—全球功能支撑性节点等分工格局。在空间结构方面,从以往聚焦重点城市和战略性廊道为主的"点—轴"式空间结构,到突出开放导向的网络化格局构建,提出打造上海大都市圈7条区域发展走廊与多条次级发展走廊的空间格局。在此基础上,构建空间分层的协同传导机制,形成"大都市圈(全域)—战略协同区(次分区)—协作示范区(区县级)—跨界城镇圈(镇级)"4个层级的空间协同框架,围绕各层次核心问题明确协同重点,并强化理念与空间协同传导。

(四)成果体系:形成基于多方治理的"1+8+5"系列成果

"1"为战略愿景总报告,由9个城市共同签署认定;"8"和"5"分别为八大重点领域系统行动与五大空间板块行动,是各地相关专项工作开展及跨界地区协同的重要支撑。

战略愿景总报告是上海大都市圈规划的总纲领,是凝练各方共识的政策性文件,重点在于描绘面向未来30年的上海大都市圈发展的共同蓝图,以及圈内9个城市携手共进的路径举措。基于对都市圈核心特征与挑战的分析,提出目标愿景与四大分目标,并明确一体化空间引导;在此基础上,提出创新、流动、生态、人文四个方面的协同空间举措;最后,明确共同遵守统一的标准与准则,密切协作,互利共赢(见图10.3)。

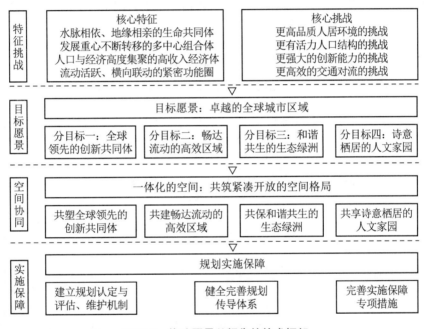

图10.3　战略愿景总报告的技术框架

资料来源:上海大都市圈空间规划协同工作领导小组办公室:《上海大都市圈空间协同规划:战略愿景总报告(送审稿)》,2022年3月。

八大重点领域行动构筑了上海大都市圈空间协同的骨架,指导各市各领域专项规划的编制,主要聚焦于上海大都市圈空间协同的八大重点领域,从系统维度明确发展目标、统筹重大项目、明确行动重点与机制保障。技术思路秉承了"战略愿景—行动策略—项目库"的技术路线,从趋势导向、行动目标、重点行动、重点项目等方面明确了各项系统行动的内容框架(见表10.1)。

表 10.1 八大系统行动及重点

系统行动	框 架 重 点
交通一体化行动(上海市交通委牵头)	加强区域港口协作与联动;构建都市圈多机场体系;优化多模式一体化轨道交通体系;完善跨界地区交通设施与服务
蓝道纵横行动(上海市水务局牵头)	上海大都市圈骨干水网共建;上海大都市圈水源地共保;上海大都市圈水安全共防;上海大都市圈水管理共通
生态环境共保共治行动(上海市生态环境局牵头)	构建生态系统共保格局;完善大气污染系统治理;强化重点水体联防联治;建立区域环保一体化机制
市政基础设施统筹行动(上海市住建委牵头)	更洁净的给排水系统,共建"生态都市圈";更清洁的能源系统,共建"低碳都市圈";更可持续的固废系统,共建"无废都市圈";更智慧的通信系统,共建"数字都市圈";更安全的防灾系统,共建"韧性都市圈";更健全的体制机制,共建"零界都市圈"
绿道网络行动(上海市绿化市容局牵头)	建设统筹链接的区域绿道体系;塑造活力特色的区域绿道功能;提升更高水平的区域绿道标准
文化魅力与旅游提升行动(上海市文化旅游局牵头)	重点文旅工程协同指引;旅游产品提升指引;文旅产业协同发展指引;品牌提升行动;城乡风貌提升行动
产业协调发展行动(上海市经信委牵头)	加快发展先进制造业,打造世界级产业集群;加快发展现代服务业;建设具有全球影响力的科技创新高地;优化产业空间分布格局
合作机制保障与创新行动(上海市政府发展研究中心牵头)	构建上海大都市圈规划协商和推进机制;探索建立规划协同落实的维护和评估机制;建立多元主体共同参与的规划相关协同联动机制;推进区域专项和重点地区协调规划编制

　　五大空间板块行动是上海大都市圈空间协同的重要载体,指引各市跨界地区协同发展与协同规划编制。五大空间板块编制形成了多主体领衔、多方互动的协作模式(见表 10.2),由于契合了 9 个城市在跨界地区开展空间协同的需求,且弥补了各地跨界统筹偏弱的不足,因而普遍得到各个城市的重视。技术思路是既注重落实战略愿景总报告的关键性协同要素,也注重针对各板块的特色、问题分析,进而明确各自的目标方向与行

动重点,并形成内容完整的"目标-战略-行动"成果体系。

表 10.2　五大空间板块行动目标及核心战略

五大空间板块行动	目　　标	战　略　重　点
环太湖战略协同区(无锡牵头,苏州、常州、湖州参与)	共建人与自然和谐共处的世界级魅力湖区	共建绿色湖区;推进环太湖科创圈建设;塑造多姿多彩的活力湖区;打造多级环湖快速通道
淀山湖战略协同区(苏州牵头,嘉兴参与)	共塑独具江南韵味与水乡特色的世界湖区,打造世界级的滨水人居文明典范	共营邻沪发展的湖区创新高地;共建快到慢行的邻界地区;共保天蓝水清的湖畔家园;共筑人文宜居的江南水乡
杭州湾战略协同区(宁波牵头,嘉兴参与)	共建生态智慧、开放创新的世界级湾区	共育自主创新的湾区质量;共建枢纽链接的高效网络;共建海湾公园与沿湾绿道;推动未来城市建设试点示范
长江口战略协同区(南通牵头,苏州、无锡、常州参与)	共保世界级绿色江滩	守护珍贵水源;加快跨江通道建设;加快创新源的培育;建设沿江绿道系统
沿海战略协同区(舟山牵头,宁波、南通参与)	共塑世界级蓝色海湾	培育海洋科研创新源头;推进沿海交通走廊的贯通;共建滨海生态保护带;强化陆海统筹

(五) 表达形式:以面向不同对象的多个版本广泛凝聚多方共识

结合不同事权与受众的需求,形成多个版本的大都市圈规划成果。政策文件为"1+8+5"的完整成果,考虑面向不同城市、不同政府部门的可读性与可理解性,采用图文结合的综合报告形式,突出表达区域发展的战略意图和体现政策性内涵。发布文件主要为战略愿景总报告的发布稿,进一步对战略愿景总报告进行精简提炼,突出需各地政府、部门及民众关注与讨论的事项及重点内容。公众文件包括"公众读本"与"一张图"。"公众读本"采取中英文同步的表达形式,"一张图"则是用公众号一张图形式将最核心内容凝练而成。此外,还形成了一系列的规划支撑文件,包括战略专题研究报告、都市圈城市认知报告、调研报告、相关案例研究报告、协同机制报告、大数据支撑报告等。

五、上海大都市圈规划的治理创新

在历经四年的规划编制探索与推动中,上海大都市圈空间协同的成效逐渐显现,这种成效不仅体现在规划编制本身,更体现在治理路径上的区域共治、治理机制上的平台共建、治理成效上的多元共进等方面。

(一)治理路径:探索多元参与、共同协商的区域共治新模式

上海大都市圈是一个多行政主体、多利益主体的跨省域空间单元,借鉴国际协作式、倡导型规划的经验,治理主体强调多主体的共同参与及平等协商,在规划过程中尊重各个城市、地方政府的合理诉求,给予各方提出诉求、共同协商的机会,渐进达成目标、空间、策略、行动等方面的共识。治理理念上,协同共赢的理念逐渐深入人心,各地逐渐认识到,上海大都市圈协同发展并非"单赢",而是为了"双赢"甚至"多赢",既要跨出去主动协作、贡献长板,也要为区域坚守底线、保好本底,这样才能真正形成一个良性互动、融合发展的大都市圈。

(二)治理机制:构建多样化、开放式的区域协同平台与机制保障

在空间协同规划编制领导小组等政府组织之外,积极探索建立多样化、开放式的区域协同平台。一是做实区域发展智库的技术支撑保障。2020年,上海市规划院、中规院上海分院、上海社科院合作成立"上海大都市圈规划研究中心",并邀请8个城市地方规划院等研究单位共同参与组建了"上海大都市圈规划研究联盟",为上海大都市圈协同发展提供有

效的智力支持,也为中国其他都市圈智库建设提供借鉴。二是探索搭建多层次、多样化的协同平台与机制。如长三角生态绿色一体化发展示范区搭建了"理事会+执委会+发展公司"的管理架构,上海和苏浙两省的3个跨界城镇圈逐步建立了邻界地区规划协同双边或多边联席会议机制。

(三)治理成效:推动"朋友圈"的深度交流与更为多元的协同共进

上海与周边城市通过合作协同,相互间的联系逐渐升级、日趋紧密。上海通过跨出去认识到了圈内城市的优势与自身提升空间;众多城市也开始了圈内的发展对标,如苏州"太湖生态岛"对标崇明世界级生态岛,宁波对标江苏找到科技创新等不足,嘉兴对标苏通认识到环湖城市优势与不足等。同时,围绕着上海大都市圈规划提出的创新、流动、生态、人文等协同框架与重点领域,各地进一步开展了系列协同发展探索,如共建沪宁科创带、共同打造环太湖科创圈、共同推动环淀山湖绿道贯通、共同推动甬舟人工航道扩建工程、共建长江沿线生态安全缓冲区等举措正逐渐从理念走向规划与实施。这些行动不断促进着上海大都市圈内的互惠互利、合作共赢。如今上海大都市圈的一体化发展已不局限于行政层面,而是有着更广泛的市场认同与社会民众基础,各城市愿意与上海抱团发展,以形成一个具有全球竞争力的上海大都市圈。

六、结语与启示

《上海大都市圈空间协同规划》是上海联动周边8个城市首次编制的都市圈协同规划,是一次具有历史性和时代性意义的尝试,也是一次兼具理论拓展和实践创新价值的探索。规划定位上,围绕涉及面最广的空间协同问题,明确"以国土空间规划为基础属性且兼具发展规划特征"的定位,兼顾保护与发展两大任务的平衡。范围界定上,探索全球城市区域理论与都市圈研究的有机融合,统筹考虑地理空间的邻近性、功能协同的关联性与协同诉求的行政完整性,最终提出上海大都市圈的 9 市范围。规划重点上,强化战略引领与重点协同,开展以"协同"为核心的有限规划;突出区域空间组织的理论创新,探索构建"三体系一机制"的区域空间规划新技术框架,形成生态格局、城市体系与空间结构三大区域空间体系并构建空间分层的协同传导机制。成果体系上,体现多方共治,由不同部门和城市牵头形成"1+8+5"的成果体系,并形成政策文件、发布文件、公众文件等多个版本,以推动广泛参与并凝聚共识。治理创新上,探索多元参与、共同协商的区域共治新模式,构建多样化、开放式的区域协同平台与机制保障,促进了"朋友圈"的深度交流与更为多元的协同共进。在长三角一体化国家战略指引下,上海大都市圈 9 个城市将携手共进,合力探索一条跨省域的都市圈协同治理路径,为国家层面推动现代化都市圈建设做出示范与样板。

同时,我们也认识到,中国都市圈发展水平、发展阶段以及协同基础存在明显差异。因此在都市圈规划编制中,既可借鉴上海大都市圈规划经验,基于本地发展条件与需求,寻找合作共赢的机会与可能,达成"最大公约数"的规划与各方可接受的协同策略,也应在规划组织、编制重点等方面开展创新探索,采取适应自身特征的组织与技术方法,提升规划的实效。

M11　由上海大都市圈引出的区域尺度空间规划技术框架①

　　在全球化与区域化发展的新阶段,单个城市在内外经济格局中的作用力越发有限,城市区域成为对外参与全球竞争、对内抱团发展的重要空间载体。从单个城市走向城市区域,是国际大都市空间演进的普遍规律,也是"双循环"新格局下推进区域一体化的重要战略方向。剖析城市区域形成与演进的空间逻辑,发现传统区域规划以"三结构一网络"为核心的技术思路已难以与其相适应,亟待技术方法的变革创新。结合《上海大都市圈空间协同规划》的创新实践,本文试图构建新一轮区域空间规划的技术框架,聚焦生态格局、城市功能、空间结构以及传导机制,以期探索面向"双循环"的区域空间一体化新范式。

一、相关理论与规划实践综述

(一)区域空间规划相关理论

　　区域空间规划相关理论研究兴起于西方国家,最初在工业革命背景

---

　　①　本文编选自马璇、林辰辉、陈阳、李丹:《区域尺度下空间规划技术框架思考——基于上海大都市圈规划实践》,《城市规划学刊》2022 年第 2 期。

下,围绕城市经济的持续增长,出现了以"中心地理论""增长极"等为代表的核心理论。随着全球化和信息化加速发展,城市和区域资源环境问题突出,学者们开始关注区域空间演进的多中心、网络化趋势,以及发展路径的可持续。20世纪前后,随着工业化快速发展、城市地域规模不断扩大,城市之间、城区与郊区之间的发展不均衡引发了一系列社会经济问题。为了实现城市经济的持续增长,学者们从更广泛的区域开展研究,区域空间规划相关理论得到深入的发展,出现劳动地域分工、中心地理论、增长极、核心-边缘等理论。1933年,沃尔特·克里斯泰勒(Walter Christaller)提出中心地理论,首次把区域内的城市空间分布系统化,成为区域空间规划的重要基础理论。进入20世纪后期,全球化和信息化加速发展,城市和区域资源环境问题突出,学者们开始对传统区域规划理论进行反思。在流空间、世界城市网络等理论的扩展和传递下,城市区域内涵超越了传统的核心聚集和边缘扩散空间,具备多中心、网络化的空间结构。相比于传统的城市规模等级,城市区域更加聚焦内部城市节点在功能上的分工与互补,城市节点之间的功能联系水平与频繁程度决定了它们的地位。与此同时,可持续发展理念被引入区域规划,不再片面追求经济增长,而强调经济、社会和环境的协调发展。

国内的区域空间规划理论研究起步较晚,大多基于中心地理论开展延伸探讨,典型的如"点-轴"空间结构理论、"三结构一网络"城镇体系规划理论。"三结构一网络"即城镇体系的地域空间结构、等级规模结构、职能类型结构和网络系统组织,有效填补了中国区域空间规划理论的空白。在工业化、城镇化水平较低的历史背景下,"三结构一网络"理论通过明确区域的发展秩序,有效引导经济活动向城镇空间集聚、强化中心城市功能,长时间以来作为中国区域规划空间的理论基础,发挥了重要的空间指引作用。

(二) 区域空间规划实践经验

在丰富的理论研究与经济发展水平支撑下,国外发达国家的区域规划编制起步较早,如纽约都市区规划、日本首都圈规划、英国大伦敦规划等区域规划。经历长时间的探索与迭代,空间规划理念与技术逐渐趋于成熟,形成了一些可供借鉴的经验:一是关注竞争力和可持续两条线索,突出生态韧性空间的保护与利用;二是构建对流型、网络化的空间格局,促进要素的畅达流动;三是强化多元功能地域和城市节点支撑,促进城市节点合理分工;四是形成分层管控引导的手段,保障规划目标的有效落实。

美国关注可持续性的 3E[经济(economy)、公平(equity)、环境(environment)]重建,明确生态保护空间。纽约区域规划委员会(RPA)分别在1929 年、1968 年、1996 年、2016 年编制 4 版纽约都市区规划,从第 4 版规划开始重点强调环境与生态空间保护。第 3 版纽约都市区规划的核心是凭借投资与政策来重建 3E,通过整合 3E 推动区域发展,明确未来增长的绿色容量,从而增加区域的可持续性与全球竞争力。第 4 版区域规划重点是"区域转型",确定了"经济机会、宜居性、可持续性、治理和财政"四方面议题。

日本强调多元功能节点支撑,构建多层次空间体系。日本首都圈共编制了 7 版协同规划。为化解东京一极独大问题,自第 5 版首都圈规划起,均将"网络化""对流型"作为重要空间目标,通过打造广域合作据点,加强"对流"等措施进行活力重构。东京首都圈规划了 30 个左右的业务核都市作为广域合作据点,金融、制造、文化、枢纽等高等级的国际职能通过区域内部的多中心体系进行相对专业化的分散;此外,划分了东京都市圈、关东北部地区、关东东部地区、内陆西部地区、岛屿地区等五大自立型次区域,明确各区域功能定位及要素集聚与支撑政策。

英国构建开放式网络空间格局,强化次区域协同。2000 年大伦敦政府重建后编制了多版大伦敦规划,进行不断补充与优化。相比于 1944 年第 1 版大伦敦规划的四圈层结构,2000 年后的规划逐渐转向开放式网络化的空间格局,以此链接各类战略地区。最新版大伦敦规划以轨道交通线网为基础,构建了"放射+网络化"的空间格局,并以此串联重要发展空间;规划了 7 条区域发展走廊,并划定东、西、南、北、中 5 个次区域(sub-region),更加强调给予地方更多决策空间,从"目标导向"的计划分配走向"问题导向"的协作治理。

长期以来,中国区域规划以经济发展为导向,基于"三结构—网络"搭建技术框架,指导了快速发展时期城市与区域规划编制。在全球化与信息化背景下,面临资源开发、经济发展与生态环境的失衡,以及城乡矛盾的加剧,区域空间规划方法需要匹配新时期的要求。不同时期社会经济发展矛盾不同,区域规划的内容和重点应有所区别。已有部分学者基于京津冀、长三角、粤港澳等地区的研究,对区域空间规划的技术框架进行了探讨,提出了多中心、网络化的空间构想,但尚未形成统一的方法体系。

二、区域空间规划技术框架构建的主要思路

在面向"双循环"的区域一体化新阶段,国内传统区域规划以"三结构—网络"为核心的技术思路,难以与新时期区域空间发展逻辑相适应,亟待技术方法的变革创新。在空间模式上,以往区域规划侧重城镇空间,对于乡村和生态本底考虑相对不足。在可持续发展理念下,区域规划强调全域统筹、保护与发展相结合。因此,笔者结合"多中心、网络化"的区域演进趋势与顶尖全球城市区域规划经验,聚焦城镇、乡村、生态三类空间,以兼顾生态与经济的空间模式为导向,建立"三体系—机制"的区域空间规划技术框架,涵盖生态格局、城市功能、空间结构三大体系及空间分层传导机制(见图 11.1)。

(一)生态格局:强调生态优先与底线约束

以往区域规划从提升区域经济竞争力角度出发,优先布局建设空间,对于生态空间缺乏有效保护与利用。生态空间、绿水青山是永续发展的

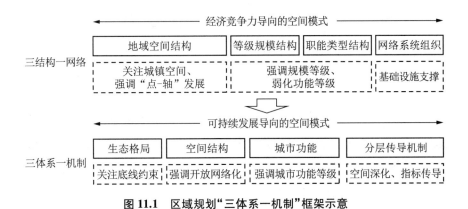

图 11.1　区域规划"三体系一机制"框架示意

宝贵资源,也是区域发展的重要竞争力,因此,需要转变发展思路,优先构建生态安全格局,强调生态优先与底线约束,倒逼区域建设空间向高质量一体化发展转型。

生态格局的构建核心是落实共识性底线空间,重点摸清休戚相关的跨界、流域性重大生态资源要素本底,确立系统完整的区域生态安全网络。其次是关注粮食安全保障、环境质量提升、生物多样性保护、自然灾害风险防控等重点战略问题,明确共同的可持续行动,对重点空间实施保护与修复。在此基础上,推动区域建设空间向高质量一体化发展转型,优化形成发展权更加公平的多中心、多节点功能体系,构建紧凑集约、开放式、网络化的城乡空间格局,破解区域发展资源不协调问题。

(二) 城市功能:以功能能级划分城市等级

以往区域规划从中心地理论出发,城市体系的构建侧重规模等级导向,对于城市功能特色缺乏重点考虑。在以功能性关联地域为特征的城市区域中,城市体系强调不以体量论等级,而以功能扬长板。从城市—区域的演进规律看,越来越多功能节点的出现是区域分工的高级形态,城市的功能等级与规模等级往往呈正相关关系,功能等级对于城市能级具有高度代表性。因此,新一轮区域空间规划在城市体系构建上,应更加强调功能导向的多节点分工。

区域城市功能体系的构建,一方面要围绕区域发展愿景,为城市提供多维度的功能价值坐标。在中国竞争型的行政体制下,区县(市)已经初步形成相对完整和清晰的功能单元。因此,可打破市(州)域行政边界,以区县(市)为基本功能单元,通过城市功能基础与潜力评价,识别各城市功能长板和分工。另一方面,根据英伦城市群、日本东海道城市群等成熟城市区域的城市节点构成规律,需要建立多层级、多功能的完备城镇体系,强化国家/区域顶级功能城市、区域综合功能城市与专业功能城市、功能支撑节点等多元城市节点的培育(见图11.2)。

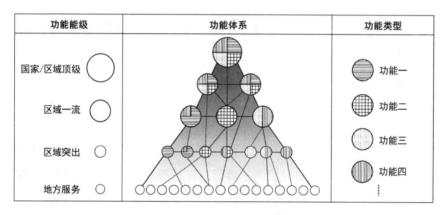

图 11.2   区域规划城市功能体系构建思路

(三)空间结构:从"点-轴"式转向开放网络化

以往区域规划多聚焦重点城市和交通骨干引领的战略性廊道,侧重构建"点-轴"式空间结构。顺应全球城市区域"流空间"组织特征,新一轮区域空间规划在空间结构上,应突出开放导向的网络化格局构建。这种网络化格局与多中心、多节点相匹配,广泛覆盖全域城乡空间,能够进一步促进城市节点与城乡空间多向互动、各类要素自由流动。

开放网络化空间结构的构建需要顺应要素流动和节点匹配的基本规律。首先,以多条开放性廊道作为区域发展骨架,既要自上而下落实国家区域层面发展主轴,也要自下而上梳理地市层面空间发展结构性共识,以

"4C"为原则,从协作性(collaboration)、集中度(concentration)、竞争力(competitiveness)和联通性(connectivity)等 4 个方面,强化廊道要素集聚与带动力提升,形成上下衔接、多廊发力的空间格局。其次,通过培育多条区域次级发展走廊来织密多层次网络,匹配多节点格局,将以往不在发展主轴上的节点地区纳入整体性结构。此外,重点强化多层次轨道交通的支撑作用,以更扁平化、均等化的设施布局,引导节点间更高效的要素配置与流动。

(四)传导机制:探索协同为重点的多层次传导

以往区域规划侧重整体性协同框架构建与宏观战略策略引导,对跨界地区的重点问题聚焦相对不足,统筹协调手段相对薄弱。应对区域范围大、跨界协同层次多、各层级行政主体面临问题不尽相同的现实情境,新一轮区域空间规划需要划分不同空间尺度、聚焦重点问题,搭建分层次空间协作平台,以实现空间要素的逐层协同传导、目标策略的逐层深化落实。

基于中国特色的行政单元体制,可探索建立区域—地级市—区县(市)—乡镇的多层次空间协同传导框架(见表 11.1)。各层次应制定差

表 11.1　区域规划多层次空间传导机制示意

空间层次	协同方向	传导内容		协同主体
		空间传导	指标传导	
全域战略统筹	明确目标愿景(生态与经济)	构建整体空间格局	底线型指标合作型指标	省级单元
江河湖海特色资源区	凝聚发展共识(重大战略资源)	协同重大跨市战略性资源共建/共治/共保	底线型指标针对性的合作型指标	地级市单元
区县协同地区	落实项目布局	深化一体化行动跨界衔接	底线型指标针对性的合作型指标	区县(市)单元
乡镇协同地区	共享基础设施	加强公共服务设施、城乡基础设施对接	底线型指标针对性的合作型指标	乡镇单元

资料来源:笔者自绘。

异化的协同目标、空间结构、协同重点,基于刚性管控与弹性发展相结合的原则,提出协同治理的策略与关键行动。区域整体层次重在确立目标愿景、构建保护与发展格局、搭建发展框架。地级市层次在落实传导整体层面战略引导与管控要求基础上,重点聚焦跨市重大战略性资源,凝聚发展共识,深化关键系统的协同策略与行动。区县(市)层次在落实传导上位要求基础上,重点聚焦跨界一体化空间布局与重大系统对接,谋划具有集成度、显示度的示范性项目建设。乡镇层次则聚焦同城化建设的具体问题,重点促进跨界服务设施共享与基础设施衔接。

三、上海大都市圈规划的实践探索

作为生命共体、多中心组合体的上海大都市圈,已逐步向一个紧密关联、多向流动的功能网络地域演进,具备培育成为城市区域的基础。作为新时代全国第一个都市圈国土空间规划,上海大都市圈规划是先行探索区域规划、树立空间协同新范式的契机。围绕建设"卓越的全球城市区域"共同愿景,强调空间模式的可持续与竞争力,该规划探索了"三体系一机制"的方法创新,强调生态优先与底线约束、城市体系的功能分工、空间结构的开放网络化,以及规划的多层次传导机制。

(一)上海大都市圈空间演进趋势与挑战

对标国际先进城市区域的空间组织特征,上海大都市圈仍面临生态约束趋紧、多元节点缺失、网络流动受限、跨界协同不足等阶段性问题。

第一,上海大都市圈是生命共同体,但生态环境约束趋紧。上海大都市圈拥有得天独厚的资源本底,水脉相依、江海相连、多溪入湖,自古便是不可分割的生命共同体。然而,近年来生态环境的约束与矛盾日益突出。近20年上海大都市圈河湖水面面积减少近30%,2019年地表水水质优良(Ⅰ—Ⅲ类)水体比例仅为65.1%,硬质岸线比例提升导致水生态系统功能不足。1995—2015年,上海大都市圈生态空间占比从82.1%下降至73.9%,圈内8条区域生态廊道存在不同程度断裂,生物多样性保护受到威胁。

第二,上海大都市圈是多中心组合体,但多元节点培育不足。上海大都市圈并非传统意义上的单核心都市圈,而是以全球城市上海为引领,涵盖邻近多个城市发展极形成的多中心区域。从历史成因看,这个地域在各时期发展重心历经不断转变。从当前人口、经济、用地的集聚与分布看,均呈现典型的多中心特征。然而,与成熟的全球城市区域相比,上海大都市圈存在"有多个全球城市、缺多元节点支撑"的阶段性问题。其顶级全球城市和综合性全球城市数量与先进地区基本相当,但专业性全球城市和全球功能性节点显著不足。(见表11.2)

表11.2　上海大都市圈与英伦城市群、东海道城市群全球城市及节点构成比较

功能层次	英伦城市群	东海道城市群	上海大都市圈
顶级全球城市	1个	1个	1个
综合性全球城市	3个	2个	1个
专业性全球城市	5个	6个	2个
全球功能性节点	12个	6个	1个
全球功能支撑性节点	26个	439个	36个

注:以国际公认的两类全球城市榜单为参照,综合性榜单如GaWC"全球城市排行榜"、科尔尼"全球城市指数"、森纪念财团"全球城市实力指数GPCI"等;单项榜单聚焦生产性服务业、航运贸易、科技创新、智能制造、文化交流等功能维度,识别各级全球城市及节点:①顶级全球城市为GaWC榜α+级以上,或其他综合榜前20的城市;②综合性全球城市为GaWC榜γ级以上,或其他综合榜前100,且至少3个维度进入单项榜的城市;③专业性全球城市为进入综合榜,且1—2个维度进入单项榜的城市;④全球功能性节点为未进入综合榜,但1—2个维度进入单项榜的城市;⑤其余为全球功能支撑性节点。

第三,上海大都市圈是多流向关联体,但廊道网络支撑不足。上海大都市圈各城市节点间"流"关联紧密,大规模的人流和功能流,逐步形成了一个紧密流动、横向联动的功能网络地域。上海大都市圈内商务人群出行比重高于长三角平均水平,企业总部与分支联系量占长三角总量的60%。但是,与"流"关联匹配的空间网络支撑尚显不足。除沪宁、沪杭廊道共识较强外,环太湖区域、沿江、沿湾发展廊道尚存分歧,廊道在要素密度、功能关联、交通支撑等维度均需要进一步加强。此外,轨道交通设施存在短板,城际轨道里程仅为东京都市圈的三分之一,区县单位轨道枢纽覆盖率仅65%,轨道枢纽与上海自贸新片区、南太湖新区、前湾新区等重点发展空间的耦合不足。

第四,上海大都市圈是多层次互动体,但跨界协同治理不足。跨界地区各层次主体对战略资源的保护、开发导向不一致,阻碍了资源价值发挥与地区整体性发展。上海大都市圈存在空间布局不对接、土地开发缺管控、道路衔接不畅通、重大设施缺统筹等诸多问题。如太湖、太浦河等饮用水源地周边功能不协调,生态与产业功能交织;环杭州湾地区重化、港口与旅游休闲布局矛盾;上海将崇明作为世界级生态岛进行打造,南通则将沿江地区作为城市主轴进行高强度建设。

(二)锚固安全韧性的生态底线空间

从建设更可持续的全球城市区域目标出发,面对生态环境约束挑战,上海大都市圈突出对生态底线空间的锚固。首先,衔接落实两省一市主体功能区战略,构建"一心三带多廊"的区域生态安全网络。在共保太湖核心,在长江、钱塘江、滨海等3条生态带基础上,强调打破行政区划的壁垒的"多廊"共保,以跨流域、跨省市、连山水、连湖海的生态廊道贯通管控为重点,织密提升生物多样性的生态网络。其次,落实陆海生态红线刚性约束,明确生态管控单元与修复空间。严格保护区域内以自然保护地为核心的陆、海生态保护红线,形成生态保护红线"一张图",将其作为区域功能布局和空间规划的刚性约束。加强各城市协调邻界地区的生态保护红线联保控制,划分生态空间管控单元,确定各单元管控机制与要求。实施沿海、沿湾等重点地区的生态修复,强化重点环境污染地区的综合整治。

（三）完善多节点分工的功能体系

围绕"生产性服务业、贸易航运、科技创新、智能制造、文化交流"等五大全球核心功能,强化上海引领、各级城市共同发力,构建顶级全球城市全面引领、综合性全球城市多维均衡、专业性全球城市长板显著、全球功能性节点特色突出、全球功能支撑性节点服务本土的分工格局(见图 11.3、

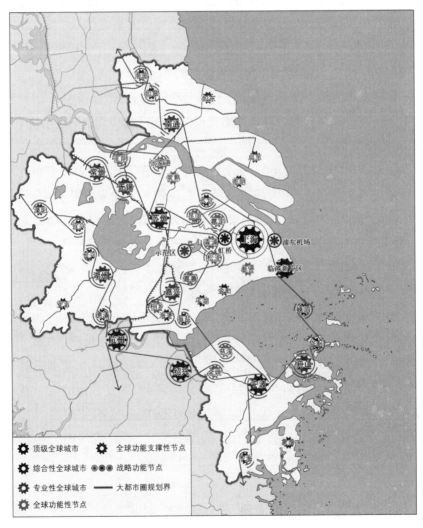

图 11.3　上海大都市圈功能体系规划

彩图 2）。在强化顶级全球城市上海市区"两个扇面"核心带动作用基础上，培育苏州市区、宁波市区、临港新片区等 3 个综合性全球城市，共同组织全球核心功能。重点培育无锡、常州、南通、嘉兴、湖州、舟山等 6 市市区为专业性全球城市，强化在专业功能领域发挥国际影响力。破解功能性节点不足问题，培育嘉定、松江、青浦、奉贤、江阴、昆山、余姚、慈溪、桐乡等 12 个全球功能性节点，承担特色功能。以 19 个相对独立的全球功能支撑性节点，服务本土，为全球城市及节点提供有力支撑。

（四）构建紧凑开放的网络型空间格局

顺应城市区域空间演进规律，上海大都市圈突出"廊道引领""网络流动"核心理念，将紧凑、开放、网络化作为空间结构优化的重要方向（见图 11.4、彩图 3）。

第一，以紧凑开放为导向，强化区域发展廊道。上海大都市圈重点培育 7 条区域发展廊道，作为促进区域要素集聚与紧凑发展的空间骨架。其中，沪宁、G60、沪湖、杭甬等 4 条区域创新廊道，通过引导创新要素集聚，促进沿线城市节点间形成自由流动、紧密互动的创新共同体；宁杭、沿江沿海、通苏嘉甬 3 条区域特色功能廊道，聚焦生态经济、航运贸易、智能制造等领域，引导特色功能要素集聚与流动。

第二，以网络化为导向，完善次级走廊与多层次交通支撑。在 7 条主要发展廊道基础上，着力培育南沿江、北沿江、环杭州湾、沪通—沪甬、西太湖、常泰等多条次级发展走廊，打造串联功能节点城市的重要纽带，促进各级全球城市与功能节点间多向流动、激发多元潜力。以上海大都市圈轨道建设为重点，打造多层次快速交通网络，提升空间组织效能，支撑资源要素的多向流动，形成枢纽集聚、节点链接的一体化空间模式。

（五）建立四层次空间协同传导框架

探索建立"大都市圈（全域）—战略协同区（市级）—协作示范区（区

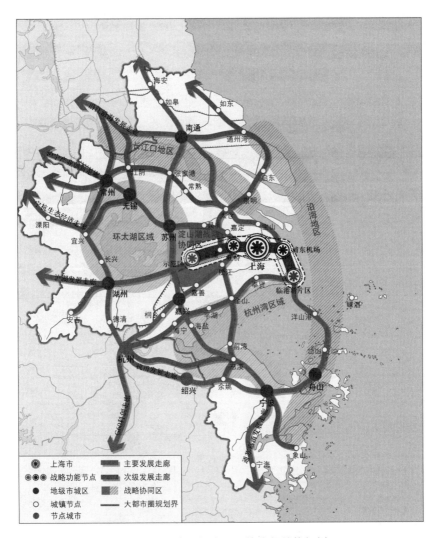

图 11.4 上海大都市圈总体空间结构规划

县级)—跨界城镇圈(乡镇级)"四层次的空间协同框架(见图 11.5、彩图 4),聚焦不同空间尺度的协同重点,围绕创新、交通、生态、人文等 4 类关键协同要素,指引协同规划编制与系统行动实施。

大都市圈层次重在确立总体战略愿景,搭建整体发展框架,围绕共建卓越的全球城市区域总目标,从创新、交通、生态、人文等四大要素出发,

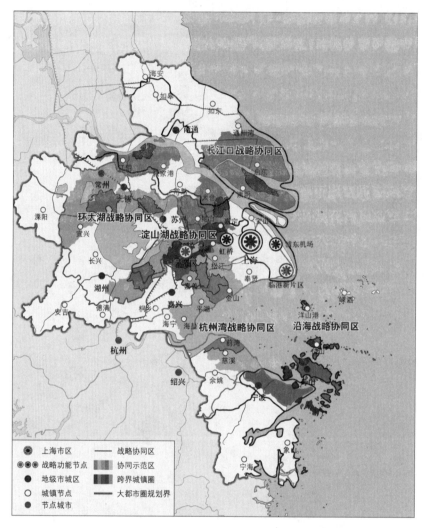

图 11.5 上海大都市圈空间协同层次范围示意

明确各系统目标准则、协同重点、关键策略与指标,指引下位规划编制
工作。

战略协同区层次重在凝聚发展共识,统筹重大跨市战略性空间资源,
围绕环太湖、淀山湖、杭州湾、长江口、沿海等五大次分区,明确共建、共
治、共保的协同行动,深化创新、交通、生态、人文等一体化策略机制。环

太湖区域共建世界级魅力湖区,重点聚焦文化与旅游资源保护,共同治理太湖水质污染。淀山湖战略协同区共塑独具江南韵味与水乡特色的世界湖区,突出生态绿色发展模式,树立水乡人居典范。杭州湾区域共建世界级生态智慧湾区,培育自主创新的智能制造集群,强化近海生态环境修复。长江口地区共保世界级绿色江滩,注重保护长江流域生态环境,强化沿江港口协同与产业管控。沿海地区共塑世界级的蓝色海湾,培育具有内生动力的海洋产业,塑造富有人文魅力的海洋家园。

协作示范区层次重在落实战略协同区的重点任务与行动,深化跨界一体化项目布局。以区县(市)为基本单元,培育 10 个协作示范区,邻沪地区重点培育崇启海、嘉昆太、青吴嘉、松金嘉平、金慈平、沪舟甬,作为提振郊区发展的重要抓手,非邻沪地区重点培育苏锡、锡宜常、吴南、江张等,基于各市合作意愿推广跨界合作模式。借鉴长三角生态绿色一体化发展示范区协同经验,强化示范区规划的顶层设计引领,联合成立示范区理事会负责开发建设管理,联合龙头企业、高校院所等主体组建开发者联盟,助力规划实施与项目落地,深化合作机制创新。

跨界城镇圈层次重在聚焦同城化建设,促进跨界公共服务设施共享与市政基础设施统筹。以乡镇为基本单元,培育 13 个跨界城镇圈,从类型上分为综合发展型、特色提升型、生态主导型等 3 类,分别予以建设引导。在公共服务上,统筹布局建设文化、教育、体育、卫生等高等级公共服务设施,增加或升级部分镇级设施为区级设施;按照均等化、便利化原则,统一"15 分钟社区生活圈"建设标准。在基础设施上,共同推进协调一体绿色的市政基础设施建设,高标准构建城市智能平台运行支撑系统和韧性安全的综合防灾系统。

在"双循环"新格局下,作为对外发挥国际竞争新优势、对内增强大中小城市发展韧性的战略载体,培育若干具有核心竞争力的城市区域是新一轮区域空间规划的重要导向。在归纳国内外城市区域空间组织的相关理论实践基础上,结合《上海大都市圈空间协同规划》的创新实践,探索构建以"三体系一机制"为核心思路的区域空间规划技术框架,深入生态格局、城市功能、空间结构、传导机制等方面的应对策略。从更可持续与更具竞争力并重的价值导向出发,锚固安全韧性的底线空间,推动空间模式向绿色低碳集约、高质量发展转变;通过优化"以功能扬长板"的城市功能体系,构建紧凑开放的网络型空间格局,推动区域空间向多中心、多节点、多向流动的全球城市区域演进;在此基础上,建立"区域整体—战略协同区(市级)—协作示范区(区县级)—跨界城镇圈(乡镇级)"多层次空间协同传导框架,搭建多方主体精细化、可操作的空间治理协同平台。以期在区域发展规划与国土空间规划的转型探索期,为类似地区的区域空间规划编制提供若干技术思路借鉴。

M12 大巴黎大都市的研究与设计方法

　　现代大都市这个产生于工业革命的新城市实体,既迷人又难以定义。20世纪初,现代大都市的研究者提出了将其作为整体来理解的重要性,通过接受其各部分的多样性和各对立面的碰撞来理解大都市的统一性。关于这种说法,乔治·齐美尔(Georg Simmel)对大都市的人及其文化形象的阐述具有启发性。在他的论述中,每个人的发展表现为"一条成长路径",在不尽相同的方向上出发,经过长短不一的路径。但是,人类不可能由成长路径中任何一条单一完整的路径中培养出来:"只有当它们(成长路径)对发展人的无法确定的统一性具有意义的时候。或者,换种说法:文化,经由多重性的展开,是从封闭统一通向开放统一的路径"。①将这种对个人及其文化的解读转移到其生活和交往的场所,将统一作为展现多重性的想法,启发我们去理解大的都市尺度背景下城市与建筑的意义。统一来自其各部分之间碰撞所产生的对立的辩证关系。今天,大都市设计能够在这种对统一的理解方法中找到其意义。将不同大都市的差异化

---

① Simmel G., "Le concept et la tragédie de la culture(1911)", in V. Jankélévitch, ed. *La tragédie de la culture*, Paris: Rivages, 1988, pp.179-180.

情况进行对照,会加剧当代大尺度地域研究的困难,这需要通过一种能够将大都市作为整体来把握的设计方法,而这个整体是其组成部分之间对话的结果:高密度核心、城市边缘、基础设施、自然元素、新中心……我们将尝试沿三条轴线来展开对这种方法的论述:与大都市概念相关的"人文主义"[1]含义、大都市设计的意象和图像、作为行动哲学的治理与设计。

一、从人文文化角度思考大都市

"巴黎大都市,一个刚刚被接受不久的形象"[2],皮埃尔·曼萨特(Pierre Mansat)在此指出了一个多世纪以来所形成的巴黎/郊区关系上的二元对立思想定式,并由此强调,不论是在辩论中还是在事实中,以新的方式清晰地阐述法兰西岛大都市地区中巴黎与郊区关系的必要性。大都市地域、大都市身份认同以及对大都市的归属感是政治设计中的一部分,如今在法兰西岛地方市镇的辩论中具有新的意义。将巴黎想象成一个具有同一性和统一性的大都市区域具有挑战,这促使我们遍览了"大都市"一词的定义,尤其是那些将巴黎与其他大都市情况并置进行比较的学者们所提出的定义。

"大都市"一词依据不同的文化和学科具有不同的含义。由吉尔斯·杜赫姆(Gilles Duhem)、鲍里斯·格雷西永(Boris Grésillon)、多萝西·科勒(Dorothée Kohler)组成的法德科研团队在 20 世纪 90 年代提出了对巴黎和柏林进行交叉视角研究,其中强调法国人撇开了人口问题,似乎很自然地使用"大都市"一词并不加区分地用来代指各种各样的城

---

[1]　我们这里所说的人文主义意指人文主义文化,是一种 18 世纪所定义的"以人为本"的人文主义思想。这与最常见的人文主义含义不同,即文艺复兴时期提出的"提高人类精神的尊严"。参见:Rey A., "Humanisme", in *Dictionnaire culturel de la langue française*, Le Robert, 2005。

[2]　皮埃尔·曼萨特在"镜像巴黎"项目中于 2008 年 6 月 24 日由法兰西岛区域委员会组织的圆桌会议中所作的报告。

市实体：从数百万居民的城市到 20 万居民的区域性都市，之间还包括"平衡大都市"①。从这个意义上讲，德国人似乎以更加严谨的方式使用"大都市"一词：大都市是一个至少一百万居民的城市，具有国际地位并与全球决策网络相联结。

如果说从人口统计数据出发给"大都市"下一个单边的定义是难以得到认同的，那么类似"中心地位""城市网络中决定性节点"这样的说法却能使人们对大都市的形象达成统一的观点。迪特尔·拉普尔（Dieter Läpple）指出，几个世纪以来所打造出的几种大都市模型都与"母城"的字面含义有关，即在一个与其他城市构成的网络中占据中心地位的城市极核②。在西方世界里，当前的大型城市时代开始于 19 世纪密集型都市的模式与功能主义城市的反模式之间的相遇与交锋所制造出的混沌。前者以紧凑的、层次化的且有序的空间为主；后者则以延展的、各向均匀的和流动的空间为主。然而，在今天，这些城市组织结构模式都处于危机中，必须找到在大尺度上理解其多样性的新方法。与大多数欧洲城市一样，巴黎必须寻找其新的身份认同，因为她所面对的世界不再是以大型都城为典型模式的世界。巴黎需要面临大范围形式各异的城市聚居区，这使得即便是"大都市模式"一词都显得过时了。

"中心地位""城市网络中决定性节点"的形象是与新的全球化进程相关的。如果说在中世纪末和文艺复兴初期，伴随着商业城市网络出现了"资本主义世界经济"作为第一种形式，而在 19 世纪工业革命时期，国家凭借其积极政策在加强世界贸易中扮演了重要角色，那么今天，发达经济体的去工业化就使全球化进入第三阶段：生产系统的后福特主义组织阶段，更加灵活，伴随着强大的离岸外包、服务型经济时代和电子产品的发展③。因此，要求大都市作为新的"世界经济"指挥中心的聚集地（总部办公、证券交

---

① 针对向巴黎的过度集中的发展局面所提出的在法国其他重要地区建立大都市，在经济和人口上平衡巴黎的聚集效应，如北部的里尔都市、南部的马赛都市、东部的斯特拉斯堡都市。

② 迪特尔·拉普尔在"镜像巴黎"项目中于 2008 年 6 月 23 日研讨会中所作的报告。

③ Leroy S., "Sémantiques de la métropolisation", *L'Espace géographique*, n°1/2000, pp.78-86.

易、通信网络），在世界城市之中发挥重要作用。学者们将这个阶段的新生代大都市定义为"大都市岛屿"，它们彼此紧密相连，形成一个跨越国界的"群岛（archipel）"①。群岛中最重要的那些城市被称为"全球城市"：正是这些城市集中了最重要的经济力量，尤其是金融力量，并且容纳着高度专业化的服务活动（服务于服务），以提供给大型企业尤其是跨国公司②。

　　"百万人口城市"、在城市网络中的"中心地位"，以及"决定性节点""大都市岛屿"……除此之外，大都市还表现出其作为一个文化、创新、创造与联结、驱动力与创造力的地方。根据上文中引用的法德研究人员的说法，如果对这样的大都市进行定义则更接近于德语中的 *Weltstadt*：世界城市。与侧重于人口和经济标准的定义相比，上面的表述更强调大都市内在的文化维度。对于迪特尔·霍夫曼-阿克斯特海姆（Dieter Hoffmann-Axthelm）而言，德语的"大都市"一词就是 *Weltstadt*（世界城市），也就是说"与使用罗马语或盎格鲁撒克逊语的国家不同，不仅仅是'大城市'（*Großstadt*），而更是一个最高的文化基准"。根据德国人的世界城市理念，大都市应该是一个不再区分外来人和本地人的大城市。重要的不是人口密度或是城市面积大小，事实上，大都市成了一个人际关系网络日益松散的地方，就像"在一张豹子皮一样的城市肌理上编织新的生活方式和生存方式"③。因此，当今的大都市表现为在城市中的城市网络。产生于一个极其复杂的散落系统，大都市由无限多的相互交流着的人所组成，这些人因其交流形式而为无数多的城市叙事注入了生命。

　　大都市首先具有多元文化，正是在这一点上可以找寻其新的身份认同。从这个意义上说，在大都市中并没有场所认同，而是由在场所中的人的感知和亲身经历所铸造的文化认同："不可能有大都市身份认同。认同

---

　　① Veltz P., *Mondialisation, Villes et Territoires*, Paris: PUF, 1997.

　　② Sassen S., *The global city: New York, London, Tokyo*, Princeton N.Y.: Princeton University Press, 2001.

　　③ Petreschi M., "La ritualità negata alla ricerca del *sulcus primigenius*", in M. Marcelloni, ed. *Questioni della città contemporanea*, Milan: FrancoAngeli, 2005.

是一个尺度关系问题;认同可追溯到古老的传说;认同从原则上说没有归属,而是一种持续构建中的归属;认同是可见的,是真实的。"①所以,这应该是涉及一个文化认同网络的概念,网络的结构及布局能够确保部分认同(非全部)的运转,而不会变成认同的对立面。这就是如今谈论颇多的大都市多中心化的意义。任何大都市最大的政治和社会挑战都与"世界城市"(Weltstadt)一词的意义强烈相关,即一个由各个局部的身份认同所组成的、几乎无以数计大大小小的中心相互联结而成的世界城市。

将大都市作为由各局部身份认同所组成的世界城市,在这样的诠释中,城市性的概念具有了新的含义。我们知道,其通常的定义是指城市中人的特定品质,他们的"礼貌"以及从更广泛意义上讲,城市中惯例的使用与实践。但是,城市性并不是关于在城市中的存在关系和存在方式的唯一特性,它还涉及城市的空间,这些空间以一种有利于居民在城市中生活、娱乐和感受的方式存在②。社会学家的论述中出现了这样一种观点,即在当今以交通为主导的大都市中多样性及多元文化成为城市现实,城市性越来越多地涉及传统的惯例和准则向新的实践和新的个体间关系开放的能力,以及空间对这些意象交换的回应能力。大都市的居民,一方面需要尊重传统文明的规则,另一方面要发展这些规则,而不是企图将它们禁锢在一个单一的世界观里。与此同时,大都市空间应该允许不同形式的碰撞,应该超越地域的划分与阻隔而尽可能地创造对话。此外,同样要思考那些被遗弃场所的意义,接受它们的功能错位和发展上的参差不齐,只有这样,才能表现出大都市最高限度的城市性,或者说城市文明。

将城市性的概念延伸到对空间的设计理念,就有必要研究空间中的界限、界面、边界,同时思考那些空间中的分隔或者连接元素。这是一项

---

① 雅尼斯·齐奥米斯(Yannis Tsiomis)在"镜像巴黎"项目中于 2008 年 6 月 24 日由法兰西岛区域委员会组织的圆桌会议中所做的报告。

② Clavel M., *Sociologie de l'urbain*, Paris: Anthropos, 2004.

旨在介于理解整体与局部的思想之间不断往复的工作,将人置于大都市设计的核心——人的感知和体验、与其他人相遇的方式、与场所及其形态特征和地志特征相关的记忆、来自悠远历史的传说与习俗,这可以给世界城市中的每个空间赋予意义与特性。

图 12.1　巴黎景观

注:ⓒ Anthony Delanoix。

二、大都市尺度设计的意象

从空间组织的角度来看,当代大都市比以往任何时候都热衷于寻找结构化图像和强大的概念化工具。三十多年前,"城市设计"概念出现并逐渐摒弃功能主义实践操作,这个过程至今都"在持续建设中"①。20 世

---

①　Marcelloni M., "Introduzione", in M. Marcelloni, ed. *Questioni della città contemporanea*, Milan: FrancoAngeli, 2005.

纪80年代,这个进程强势出现,要求当代大都市发展一种与从福特主义①继承来的完全不同的空间结构,摆脱那种对生活、工作和娱乐场所进行严格划分以及由此而来的对生活时间和工作时间之间的明确区分的方式。今天的大都市在同一空间中提供越来越多时间性和功能性的混合,尽管存在全球化或世界性的形式,但对于每一个地域背景而言,这似乎引发了不同类型的城市化进程。那么,什么样的概念工具可以让我们理解当代大城市的空间特性? 什么样的设计意象如今对大尺度地域是具有可操作性的? 组成大都市的每个部分都有其特殊性,如何理解它们的地位和作用?

在对大都市空间的思考中,要克服的最大困难似乎在于负责概念化形成的各学科和专业之间的分隔,并且无法在这个尺度的设计分析与实践操作中使它们相互作用。问题在于概念设计工具的分析与制定过程,这些工具需要考虑城市问题的新维度,包括在项目任务编写阶段、方案设计阶段和确定技术规范阶段。这些阶段一直处于分隔状态,阻碍了对地域问题在宏观视野与微观视野之间的来回切换与互动。反之,这两种视野之间的相互渗透将能够勾勒出当代大都市的概念图像,既是一个全面的系统,又是一个由不同场所组成的整体,这些场所就像马赛克的碎片,却折射出它的多样性本质。

与城市相关的学科和专业一致强调,当代城市似乎不再具有实际尺度的大小:时间与空间关系的压缩试图抵消所有的距离,而让我们想象我们生活在一个统一的巨大城市中。在这个"无限"大的城市里,城市与乡村之间的界限、中心与边缘的关系似乎在消融。然而,比较流行的"扩散城市"概念,突出了其各向同性的特征,却没能使我们理解与这些复杂的大都市空间相关的多种多样的问题②。不仅通过扩散也通过增加密度、多极化、整合,大都市地域在其延展范围内已经成为不同空间组织形式的

① 由原本的经济学概念引申为对应时期类似功能主义的城市规划方式。

② Indovina F., "La nuova dimensione urbana. L'arcipelago metropolitano", in M. Marcelloni, ed. *Questioni della città contemporanea*, Milan: FrancoAngeli, 2005.

容器。如果地域的特征表现出史无前例的城市蔓延,那么它也一定被赋予了极大的空间异质性,新形式的聚居区围绕着工业区和手工艺区、经济活动中心或"卓越"中心、用于休闲娱乐的地段、物流和仓储中心等。因此,当代城市一方面显现出分化和分散,而另一方面,又表现出极化、聚合、汇集。后者形成了发展新的城市中心的潜在基础,并且呈现出与扩散相反的现象。从这个意义上说,一段时间以来,类似群岛(archipel)的比喻似乎更能够在一个大的尺度上定义大都市地区,并且也更具启发性。

大都市群岛的意象,不仅被规划师、建筑师所使用,也被经济学家、社会学家使用。它指的是一种新的地域结构,被一些人定义为"超级城市",与反城市的"扩散城市"形象相悖。这个意象强调了不同强度的中心,尽管各个中心的城市化程度不同,使它们彼此对立或相互抗衡,却被整合到统一的地域中。假设在这里遇到一位新市民,他的生活实践将触及其中的好几个中心。他的个人生活和集体生活的经历涉及政治、功能、生产、文化、情感等多个范畴,都将在两个层面上进行:局部层面(市镇或社区)和大都市层面。大城市居民在这两个层面上的经历,曾是彼此分离的,直到最近才开始相互混合、相互融合,带来了行为自由的新形式。这代表了整个"大都市群岛"中最重要的因素。它在居民身上塑造了一种与环境相适应的新"个性",将地域视为由归其所有的不同"事物"而构成,其多样性(人和场所)每一次都是一种可能的新体验。这样的情况不断地迫使我们接受一个"选择"。不排除这种选择承受着孤独和焦虑,但它也是自由和新的自我意识的承载者①。

然而,群岛的意象不足以完全表现这种复杂性,因为它仅仅呈现出在无形的混杂中边界分明的岛屿。在大多数通过群岛意象来表现大都市空间的研究方法中,都会出现从设计策略角度思考这类空间的困难,因为设计策略要以"人文主义"方法为前提,并且在大的都市尺度上清晰阐述与

① Indovina F., "La nuova dimensione urbana. L'arcipelago metropolitano", in M. Marcelloni, ed. *Questioni della città contemporanea*, Milan: FrancoAngeli, 2005.

背景相关联的分析与预测。由于群岛的意象太过拘泥于功能主义的空间视角,因此应该转变为以辩证的方式与之互动的另一种意象:马赛克意象。这样的形象可以识别并赋予在群岛中所有地区一个名字,包括岛屿本身以及出现在岛屿之间的流动的且无形的广阔区域①。因此,我们能够将大都市的演变过程解释为由特殊元素构成的链条,一系列异质的城市元素组成的集合。

　　群岛意象和马赛克意象相结合的前提是在转型中的大都市和各个部分之间建立对话,这是一系列对空间界限、界面、边界概念问题的探讨过程。马赛克意象有助于对这部分城市转型的思考,既可以将它们作为调研的局部地块也可以作为大都市设计的基础。它有助于识别在新的城市现实中那些仍然隐藏着的象征性标志,重新发现那些空间的深层特征,而不否认它们之间的冲突、差异以及其统一性的消失。这样的方法可以将大都市中未定义的广阔区域理解为真正的"场所",每个场所都有其"精神",在那里,充满意义的空间找到了自身的位置。

　　在马赛克意象中,最终,要考虑两个维度:第一个是群岛中高密度的极化中心和处于它们之间的大面积广阔区域;第二个是不同组织肌理之间丰富的间隙空间,具有多重价值的场所。在这两个维度上,要求网络像建筑结构一样,既在大尺度又在小尺度中真正起到支撑大都市的框架作用。在各种各样的网络中,不论通道是缓慢的或是高速的,都形成了马赛克碎片之间复杂且多样化的黏合剂,拼贴出地域的全貌②。因此,这些网

---

　　①　这种空间意象的理论家们是地理学家或规划师,如 Edward Soja 或 Klaus R. Kunzmann。参见:Edward W. Soja, *Postmodern Geographies*, Londres/New York: Verso, 1989; Edward W. Soja, *op. cit.*, 2000; Klaus R. Kunzmann, "Network Europe: A Europe of City Regions", in L. Bekemanns und E. Mira, eds. *Civitas Europa—Cities, Urban Systems and Cultural Regions between Diversity and Convergence*, Bruxelles: Peter Lang Verlag, 2000, pp.119-131。

　　②　在这个问题上,我们强调 20 世纪初各种铁路网在柏林大都市的建设中发挥的重要作用,在当时所创造的可达性条件能够在整个大都市地区取得平衡。参见:Cristiana Mazzoni, "La gare et ses rails: charpente structurelle de la ville moderne. Entre réalité spatiale et images mythiques (1850-1900)", in Jean-Louis Cohen, Hartmut Frank, eds. *Metropolen 1850-1950: Mythen, Bilder, Entwürfe*, Berlin: Deutscher Kunstverlag, 2013。

络可以被解读为以分级形式为基础,这些形式不是按照传统的金字塔式呈现,即围绕一个特定的中心而其他分中心总是在越来越低的层级分布的形式,而是按照类似不同山脊和山谷所刻画出的成片的山脉的样子①。

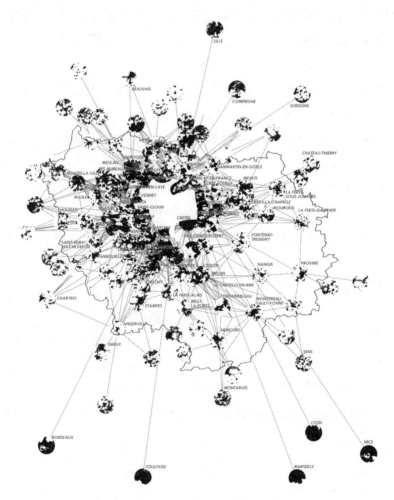

图 12.2　"巴黎大都市系统"设计意向

注:© AIGP_Bres+Mariolle。

---

① Indovina F., "La nuova dimensione urbana. L'arcipelago metropolitano", in M. Marcelloni, ed. *Questioni della città contemporanea*, Milan: FrancoAngeli, 2005.

图 12.3 大巴黎国际咨询:柔性大都市

注:© Finn Geipel。

三、大都市治理和设计哲学

在巴黎,大都市治理的历史可以追溯到法国大革命时期,随着工业时代的到来,它经历了从碎片化的市镇空间过渡到建立城市聚居区动态和市镇合作的过程①。如今的首都地区的城市治理和集中聚居区的组织仍

---

① Fourcaut A., Bellanger E., Flonneau M., eds., *Paris/Banlieues. Conflits et solidarités. Historiographie, anthologie, chronologie 1788-2006*, Paris: Créaphis, 2007.

然体现了国家处于优势地位的思想,这种思想曾经使本应该作为公共利益保障者的国家赋予首都过于集中的力量:过去的首都对其边缘地区具有近乎统治地位,首都与其周边一直是放射形同心圆模式。然而,在今天,除了有关城市中心对其边缘地区的管理与控制形式问题,大都市治理开辟了一个根本性领域:"哲学"与"行动"之间的联系,即对城市的规划设计所依据的思想以及对它们的管理之间的联系①。

关于作为"行动形式"的城市治理问题,在短短几年内已经成为一个共同的术语,与城市相关的研究人员、专业人士和政治家们很快就抓住了这个术语②。它本质上是个多义词,用于指以政治、经济和文化领域的大都市化和全球化现象为背景的城市政策框架和内容的转变。现在普遍认为,城市越来越成为空间、政治、经济、社会和环境的框架,由此框架出发,当代社会进行自我改造:相对于国家,城市成为现代社会调整过程中的节点空间。在一个制度框架内,城市引发了国家与地方政府之间关系的新格局,而这个制度框架必须面对正在发挥作用却极其分散的社会、政治和经济力量③。

至于作为行动所依赖的"哲学"的治理,曾有观点多次强调,从表达规划设计及其管理之间新的辩证关系意义上,要以"治理"一词代替"规划"一词。长期以来,规划一直处于将设计的前期准备阶段与实施阶段相分离的实践操作中,而实施阶段大部分由公共部门管理,设计者或其他利益相关者却不具备重要角色。相比之下,城市治理的原则更强调这两个阶段的相互影响,旨在整合并管理短期的规划可操作性以及长期的政策与战略选择④。这种相互作用的形式最重要的创新之处在于寻求利益相关方的共识,包括相关公共部门、运营商、投资者、实施者、管理者以及使用

---

① Panerai P., *Paris métropole. Formes et échelles du Grand Paris*, Paris: Editions de la Villette, 2008.

② Jouve B., *La gouvernance urbaine en question*, Paris: Elsevier, 2003.

③ Ampe F. and Neuschwander C., *La République des villes*, Paris: L'Aube/Datar, 2002.

④ Marcelloni M., "Introduzione", in M. Marcelloni, ed. *Questioni della città contemporanea*, Milan: Franco Angeli, 2005.

图 12.4　巴黎大都市区博比尼(Bobigny)的社会住房(2012 年)

注:ⓒ C. Mazzoni。

图 12.5　位于德朗西(Drancy)的拉马雷(La Mare)独栋住宅区和
位于楠泰尔的云塔(Tours Nuages)高层住宅区(2008 年)

注:ⓒ Philippe Guignard。

图 12.6 位于巴黎的克利希-巴蒂尼奥勒（Clichy-Batignolles）集合住宅区（2022 年）

注：© Massimo Zammerini。

者。但是，面对设计与其管理之间存在的辩证关系，该如何逾越渴望达成普遍共识的错觉？如果说，正是那些矛盾、分歧和冲突孕育了大都市，并使它在其中找到了自身的本质，那么该如何不落入试图"抚平"冲突的圈套呢？

针对这里讨论的问题，另一种思考方式或许是将大都市设计视为城市叙述的形式。在这里，我们所说的"叙述"是指将有关空间的观察放置在对话和设计中，包括空间的地志、形态、社会及政治层面。通过设计方案表达出的概念和具体价值，设计应该能够引导并承载一段最为丰富的场所叙述。它应该被定义为一种叙事，旨在通过对地名学或形态演变的研究来描述其中的故事。它应该能够描述故事中的景观、形式与其基本组成部分之间的关系、城市居民对这些景观的感知和依恋。最终，它应该"确保代表了一个城市地域政策行动在公共层面的可见性"①。因此，设

---

① Lussault M., "Les territoires urbains en quête d'images", *Urbanisme*, mai-juin 2005, n°342.

计不会从商业价值的图景中寻求一种共识的假象。它更应该定义为一个开放的成果,是一个在源自场所的启发和在一定距离之外对场所的诠释之间往复的过程。在这种必须以不同参与者之间建立对话为前提的行动哲学中,设计具有"摆渡人"的角色:抛开一种将城市的形式与一整套规范与认知的规律和理论联系起来的方法,而是提出一种对城市形式的归纳分析。这种分析建立在以局部尺度和大都市尺度对多种城市文化进行比较与对照工作的基础之上,这些城市文化赋予变化中的叙事以生命,取代任何已经定义的空间形式。通过这些叙事,一个设计方案的构筑过程成为以集体方式探寻场地身份问题的方法,从而组织对设计对象的整体描述并设想场所在转型过程中的不同场景,即成为重新理解空间与社会现实的方式,对设计进行构建的组成元素和描述元素的组织方式,从而在分隔的表象背后抓住一个统一体的方式。因此,相关参与者将获得具有"概念传递者"价值的设计图像,这并非是一些固定的图像,而是透过这些图像能够将不同城市文化和与空间演化相关的思想呈现出来。如果大都市治理表达了设计与其管理之间新的辩证关系,那么在作用于城市上的不同形式的权利之外,应该能够为那些体现场所叙事的设计意图与设计绘图铺设可能的条件。一个设计意图/绘图[dess(e)in],同时表达着场所的统一性和多样性、场所的文化价值和人文价值以及将场所嵌入充满意义的马赛克拼图中的可能性。

M13　迈向一种交易型城市规划

在后福特时代,应该如何发展今天的城市规划?当前,民主系统正在发生变化,它将对城市规划产生怎样的影响?在此前的一项研究工作中,我提出了这些问题,在观察并分析了巴黎地区一些新的城市规划案例之后,我更希望回到我对这些问题最初的结论上,并明确地阐述这个领域的演变,即什么是城市规划的新言论和新的实践方法。为此,我将仔细研究已经发生的转变,包括规划的程序性内容(利益相关者及其互动、流程、实践等)和规划的本质性内容(城市规划学说和理念、城市的意识形态等),试图将这种演变置于城市规划发展的历史中。我将这个新兴的城市规划实践命名为"交易型城市规划"(urbanisme transactionnel)。其他学者也根据自己的分析提出过类似的概念:协商型城市规划(R. Prost)、并进型城市规划(F. Ascher)、折中型城市规划。最近,吉尔·平森(Gilles Pinson)在其作品《通过项目治理城市》中探讨了欧洲城市的治理及其方式,将城市定义为集体的和多元的利益相关主体,并强调在城市设计和地方身份的打造过程中交流和辩论的重要性,设计项目主要用于动员并协调各个利益相关方。

一、序言：交易型城市规划的假设

　　所谓"交易"的概念得到了社会学家让·雷米(J. Rémy)和莫里斯·布兰克(M. Blanc)的进一步发展，他们将其定义为在冲突和对峙的情况下"实际妥协"办法的制定过程。对于让·雷米而言，"社会生活是一种多利益相关方的相互碰撞，他们之间存在冲突关系，但建立协商，从而根据各自的承压能力来确定达成一致的范围"。"交易"是当出现紧张关系和相反立场时"与其他人配合"的过程，是在具有价值冲突、利益分散、平等的合法性地位的背景下一个协商秩序建立的过程。这种交易的概念是从经济学领域(交易，如金融交易、房地产交易等)和法律领域(合同、伙伴关系等)借用来的。但在我看来，它也具有政治属性，因为它是民主概念的核心，即通过在公开场合的磋商和辩论，持续且和平地寻求妥协或折中的过程："交易"不会脱离民主制度及其本质(基于分散的本质)，以及这种制度的发展和运行。我试图阐明并想要强调的正是，城市规划与民主及其正在发生的变化之间的关系。

　　在研究方法中我参考了马塞尔·高切特(M. Gauchet)对民主及其演变的一些分析。他把当前的民主危机重新放置在一系列增长危机中，随着极权主义的兴起，这些危机在 20 世纪 30 年代到达顶峰，并在战后经历了一个相对稳定的时期("辉煌三十年"时期①)。在 20 世纪 70 年代末期出现了新的危机并且开始了"新一轮动荡"，高切特将其定义为"与民主原则的深化直接相关的第二次增长危机"，并认为，这使得民主"在民主的名义下变得不可控"。在这场新的增长危机中，高切特指出两方面重要特征："民主基础的自我毁灭"和"混合制度的构成危机"，把自由主义和民主结合起来，其目的是"使政治形式上的迫切需求、个人权利的强烈需

---

　　① 编者注：法国在第二次世界大战以后飞速发展的三十年，又称"黄金三十年"。

求、未来主义自我生产的必要需求捆绑在一起并使之步调一致"，在这些相互矛盾的需求之间，观察到的"不和谐比和谐更普遍"，这种不一致导致了持久的辩论，形成在各种不同需求之间的一种交易。

近几十年来，自由主义的发展催生了公民社会的独立性，并且促进了各个利益相关者在这样一个社会中的主动性；这也促进了公民社会相对于政治政府的优先权和首要地位。

与此同时，我们从"一个公共的民主过渡到一个私人的民主……"，也就是说，我们正在见证"优先次序的反转，这使得公共领域依赖于私人"。按作者的说法，从民众到个人、从公共到私人的这些转变，符合民主的进步，符合对现有政治体制状况的改进，他也将这种制度称为最低限度的民主。但是，重要的在于，这些转变带来了"民主的新操作准则……（它）被概括在权利的程序性共存中"。最后这一点对我们来说特别有意义，高切特写道："政治共同体停止自行管理。严格意义上说，成了一个政治市场型社会。也就是说，不是一个经济市场主导政治选择的社会，而是一个政治运作本身就借用了经济学中普遍的市场模式的社会"，随之而来的结果便是"执政者职能的蜕变。他们的职责所在仅仅是为了维护运转的规则并确保过程的顺利进行。应该由他们来实施裁决并在有关利益、信念和身份的多元化动态下促进折中或妥协办法。治理，这个时髦的术语所记录的正是这种相对于典型的政府理念的改变。"折中、多元、治理，马塞尔·高切特在这里描述了先进民主的新内容，即最低限度民主，它为交易型城市规划提供了条件，使之占有一席之地，我们将试图梳理其中的一些主线。

再回到让·雷米的研究，他认为交易概念可以区分为两种主要方式：（1）契约型交易，在预先确定的框架内随着预设的规则和程序展开，遵循这些规则和程序组织辩论；（2）冲突型交易，在正式框架之外展开，通过对抗和力量对比、论战和争执等。也可以将它们称为合作型交易和对抗型交易。后一种方式出现的原因主要在于前一种方式的缺失或弱化。我的假设是，在后福特时代和先进民主时代，交易型城市规划通过这两种方

式呈现出城市规划正在发生的转变：规划项目成为一种交易的产品。这
种新的城市规划由四个要点定义，它们之间相互关联，勾勒出其轮廓和内
容：大叙事的终结、新的设计文化、参与者的复杂系统和公共辩论的快速
增长。

二、城市规划大叙事的终结和多样性的增加

第一点涉及后现代时期，即现代性及其意识形态崩塌之后我们所进
入的时期。这里所说的城市规划大叙事的消失与让-弗朗索瓦·利奥塔
(J.-F. Lyotard)所描述的当前普遍情况相符合。他谈到了这种合法化的
大型元叙事的终结：从源于启蒙哲学的现代性中解放出来的叙事、革命的
政治意识形态、进步的理念、解放科学技术的神话……放弃这些标志着当
前的后现代性。这些大叙事在各种新的城市模式和理想城市的提议中被
转化为城市规划，其目标是解决社会问题，即通过更符合现代化的空间组
织转变社会关系，以适应诞生于工业革命且空间更加功能化的新社
会……弗朗索瓦丝·萧伊(F. Choay)清晰地分辨出这些城市规划叙事，
并对其起源进行了分析，通过对其不同意识形态内容的解析将它们分类：
进步主义叙事、文化主义叙事、自然主义叙事。这些叙事带着它们的信息
在今天已经消失了，取而代之的是多种多样言论的爆炸式增长，出现了关
于城市的许多个人微叙事(库哈斯的普通城市[①]、波特赞姆巴克的第三代
城市[②]、杜普伊的网络型城市规划[③]等)，或者是一群建筑规划师共同的
微叙事(城市设计、新城市主义、景观设计等)，以及复制过去风格或借鉴
传统的关于历史主义后现代城市规划的言论。因此，我们目睹了有关城

[①] 编者注：来自雷姆·库哈斯的《普通城市》(*Generic City*, 1995)中的规划理念。
[②] 编者注：来自克里斯蒂安·德·波特赞姆巴克的《第三代城市》(1997)，他提出了按照
严格的形态学标准将发展至今的城市历史分为三个时代。
[③] 编者注：出自加布里埃尔·杜普伊的《网络型城市规划：理论和方法》(1991)。

市的微观话语的激增,为了抢占市场呈现出相互之间的竞争与对立。由现代性占主导地位的大叙事所提供的解决方案和模式具有普遍适用性,与之相反,后现代性的城市规划是不同微叙事并置和组合的结果,在理论层面上,传递了设计者之间和他们的想法之间的交易,并且往往会建造出混合型的实施成果。

例如,位于巴黎 13 区的巴黎左岸项目(130 公顷,长 2.7 千米)。这是一项改变原有铁路和工业棕地性质的大型城市更新工程,于 1989 年启动,当时法国国家图书馆新馆正选址于此。这个综合性项目是几个想法的组合:巴黎城市规划研究室(APUR)制作的总体规划(1990)灵感来自新奥斯曼主义,带有(半开放)住宅小区、道路、广场,将 13 区的城市肌理一直延续到塞纳河,一条大道①将街区一分为二。随后,该项目分为 8 个片区(或 8 个街区),经过一系列竞赛,被委托给带有个人想法和愿景的 8 位不同建筑师作为总协调人②。对于主导该项目的巴黎项目管理与开发研究公司(SEMAPA)而言,由众多参与者和多样化想法所实现的这种百家争鸣,其目的是试图制造一定程度的城市复杂性,也就是该公司所说的,为了模仿"项目沉积"的城市历史建构过程:在某种程度上,重新创造一种时间虚拟,这也得益于对某些旧建筑的翻新与维护。最终,我们所得到的是多种城市形态在现实中的并置和组合,可以说,这样的结果是每位建筑师特有的城市设计理念与总体规划之间交易的成果。

因此,在这样的城市设计项目总体组织构架中,既有对协议开发区③(ZAC)的地块划分,又有来自不断加入的利益相关者(巴黎市政府、巴黎

---

① 编者注:即法兰西大道。

② 称为(总)协调建筑师,分别为 Nouvel、Schweitzer、Devillers、Portzamparc、Fortier、Lion、Reichen、Gangnet。

③ 编者注:协议开发区(ZAC)作为一项规划制度确立于 20 世纪 70 年代。它是由政府(国家或地方)或公立机构主导的城市规划,通过公共参与者协商划定的共同规划开发和设施建设范围,不受行政边界限制。其出发点和目的是公共利益,因此,一个协议开发区的创建须由相关政府和公立机构签署协议,一经确立,其中的项目实施可以委托给私人开发商。这样的规划方法不同于由国家主导的自上而下直线型强制性规划。

项目管理与开发研究公司、总协调建筑师、项目建筑师、使用者、法国国家
铁路公司、巴黎公立医院集团、国家、大区、巴黎大众运输公司）的"项目
沉积"（叠加），目的是在差异和变化中寻求多样性。我们看到,城市设计
项目在一个长期过程中是以何种方式在不同阶段调动众多参与者,根据
项目的时间进程和所开发的不同功能,每一次的参与者都会有所不同,但
总是保持各部分之间的互动关系。旧的从概念设计到实施建造的线性模
式被打破,因为项目必须保持灵活性以适应各种形势。最后,巴黎左岸项
目远非一个"叛逆"的项目,或者说在形式上创新的项目,它寻求的首先
是将巴黎融入新的大都市环境,加强巴黎的中心地位以及在全球化城市
竞争中的地位,同时适应巴黎房地产市场的波动。

　　然而,随着我们正在经历的全球性生态危机,最近产生了在全球范围
带有普遍性解决方案的关于可持续城市的规划学说:这种言论占据主导
地位,在所有想要应对可持续发展问题的城市政策中变得必不可少且无
所不在。我们不禁会问,是否今天伴随着这种可持续的城市规划,我们所
见证的不是新的城市规划大叙事的矛盾回归,而是根据各自的特征,拒绝
空间形态的普遍模式,让每个城市针对自身的可持续发展问题找到自己
的答案（即量身定制的解决方案）。随着城市规划话语及其形式和内容
的演变,所涉及的正是城市规划的本质性内容。

　　在楠泰尔（Nanterre）,想要建设一个在可持续发展问题上的典范:位
于塞纳河与拉德芳斯之间的塞纳拱门（Seine Arche,124 公顷）项目[1]。这
是在巴黎地区首次对可持续城市的理念和原则进行如此大规模的试验
（2000 年）,目的是修复和重组一片被大型交通基础设施（区域快铁和高
速公路）完全割裂和破坏的土地。这里采用的规划方法是基于"露台"
（Les Terrasses）项目[2]中实施的生态概念设计成果,通过一系列措施将可

---

　　[1]　编者注:塞纳拱门是位于楠泰尔市的一个大规模城市开发项目,规划东起拉德芳斯西
至塞纳河的一个狭长区域,跨越并延续了从卢浮宫到拉德芳斯的历史轴线。

　　[2]　编者注:该项目在塞纳拱门项目中预计建设 20 个景观露台,以减少高速公路（A14）造
成的割裂,并成为连接不同社区的新的生活空间。

持续发展理念转化到空间中。

塞纳拱门项目具有双重挑战:重新塑造城市,同时实施可持续的规划设计方案。该项目作为协议开发区,其中80%的土地被用于公共空间,这些空间必须充当街区之间和居民之间的纽带。在这里应用了可持续发展的原则:道路共享并创造慢行交通;残疾人的无障碍通行;使用可持续的材料和耐久的树木种类;土壤具有可渗透性并使用雨水进行市政设施维护;抗风使用的舒适度等。除了公共空间,以协调环境、社会和经济为目标的可持续规划设计带来的其他优势在于,社会住房、公共交通、就业等。

2003年,塞纳拱门公共开发机构(EPASA)获得了法国环境管理标准ISO 14001认证,并落实了一个环境管理系统(SME)以控制项目对环境的影响,并在每一个实施阶段与所有参与者一起推动可持续的方法。其中包括减少来自建筑工地对环境的影响和危害;保护自然资源,以更好地管理水资源以及利用不可再生能源(太阳能);避免土壤污染;确保建筑和公共空间质量;限制小汽车的使用并推动可替代的慢行交通模式;关注残疾人出行;向居民告知信息,提高所有合作伙伴的参与意识;等等。2004年,与CERQUAL认证机构①签署了有关住宅建筑认证的协议,以确保对住宅环境质量进行控制和评估。2005年,与法国建筑科学技术中心(CSTB)②签署了另一项协议,根据高环境质量(HQE)标准③对第三产业类建筑进行认证,包括零售业、酒店等。最后一项协议涉及产品控制、建设系统、施工现场的滋扰、后期维护和持久性、水资源管理、能源、垃圾、雨水、安全性、声音和视觉舒适度、健康、管理系统等。同年,还与两家联合房地产开发商(Altaréa/Eiffage)签署了一项合作备忘录,在楠泰尔大学车

---

① 编者注:全称CERQUAL Qualitel是由Qualitel协会创建的认证机构,获得了法国认证委员会(Cofrac)认可的机构。该协会颁发证明新建住房质量的证书。证书被授予考虑了技术、环境、经济和服务质量等多个条件的房地产项目。

② 编者注:法国乃至欧洲具有权威性的建筑评估与认证以及建筑科研与推广的公立机构。

③ 编者注:高环境质量(HQE)是一种旨在最大限度减少建筑物在短期和长期对环境影响的方法,包括建设、使用和更新过程。作者在此列举了塞纳拱门项目获得了各种法国环境认证,以说明该项目符合当前对环境影响的最高标准。

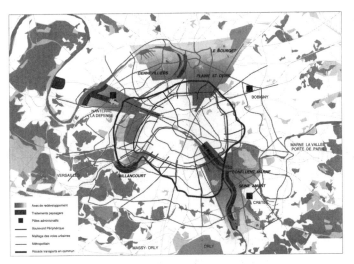

图 13.1　围绕大都市核心区的再开发区域（2007 年）

注：© IAU ÎdF。

图 13.2　大都市核心区大型项目区块（2007 年）

注：© APUR。

站周围建设一个 13 万平方米的城市综合体,包括住房和办公等混合用途。最终,在该项目中建成了一个名为 Hoche 生态街区(4 公顷,650 套住宅),并因此获得了 2009 年法国环境奖①。

三、设计概念的转变和新的设计文化

与前面一点相关,第二点涉及设计理念本身的转变。在此,我们参考让-皮埃尔·布蒂内(J.-P. Boutinet)有关设计的人类学研究成果。萧伊在她对建筑和城市规划的理论研究中,区分了建立在规则上的理论和建立在模式上的理论:前者对应的是开放的设计,是生成式的;后者指的是一个封闭的设计,是乌托邦式的。布蒂内对设计的概念进行了总体研究,描述了其演变过程:设计从抗议者和革命者变成了附和者和顺从者,即失去了它在城市规划中社会层面和空间层面之间的关联性;它从乐观主义者变成了贴合当前后现代性的悲观主义者;从整体的、普遍性的方案变成了本地化的、有限的、特定的方案。由于缺乏本质和内容,设计通常被简化为一系列单一的程序,通过这些程序生产出意义和任务安排。

拒绝统一的、占支配地位的、具有强制性的大型现代规划设计,便产生了多个规模有限的特定的设计之间的对抗/合作:交易在这里采取共同构思、共同制作的形式,整体设计是几个规模更小在更有限空间里的设计之间综合协商的成果,调动了多位设计师、多种不同的能力、多重政治责任(指议员)。通过这种共享设计,布蒂内谈到了一种新的设计文化。这既是城市规划的程序性内容又是本质性内容,它们都受到了设计概念转型的影响。

---

① 编者注:生态街区是以可持续发展的方式进行设计、组织和管理的一片城市区域,这些街区必须具有经济发展潜力,满足严格的环境绩效标准(公共交通、废旧物回收、生态建设等)并确保社会和功能的多样性混合(住宅、商店、公共设施等)。法国生态转型部根据一系列标准颁发"生态街区"(ÉcoQuartier)标签。

通过另一个大型城市设计案例,即对位于普莱恩圣丹尼斯(Plaine Saint-Denis)郊区的一大片工业棕地(750公顷)进行更新,我们可以观察到在利益相关者之间建立合作伙伴关系的过程,从最初于1984年开始的跨市镇间联合会,到1985年被称为普莱恩复兴(Plaine Renaissance)的混合联盟。后者集合了澳贝维利耶(Aubervilliers)、圣丹尼斯(Saint-Denis)、圣旺(Saint-Ouen)市政府和大区议会,该联盟最初是在寻找与国家共同引导规划开发的解决方案。另一个过程是在该地区形成了共同设计:希波达莫斯经济利益团体(GIE Hippodamos)的形成,由三位规划建筑师(Devillers、Riboulet、Corajoud)汇聚在一起,制定了一个总体规划《希波达莫斯规划》(*Plan Hippodamos*,1990)。这个规划得益于景观设计师米歇尔·科拉茹德(M. Corajoud)的参与,并基于他的地平线景观(horizon-paysage)概念建立起设计框架。

1991年创建了普莱恩发展(公私)合营公司(SEMDP),1993年开始筹建法兰西体育场(国家级项目),在此之后,由5个城市于

图13.3　普莱恩圣丹尼斯的城市变化(1980—2000年)

注:ⓒ Hippodamos 93。

2000 年组成了市镇联合体,到 2001 年发展到 7 个城市,最终在 2005 年共有 8 个城市加入该市镇联合体中。因此,我们观察到自 1990 年起,通过采用希波达莫斯规划,集体设计得到迅速发展,演变为一种公共(跨市镇联盟)和私人参与者联合的方法,同时将居民纳入其中(通过协商和座谈),这正说明了我们对于交易型城市规划的假设:该地区的主政官员不想要一个"副拉德芳斯",而是一个更加混合的街区,并拥有相当比重的社会住宅。目前,这个大型城市设计项目联合了多个合作伙伴,如 8 个市镇、普莱恩市镇联合体、大区议会、合营公司(SEM)、法兰西岛大区、巴黎市、国家、巴黎大众运输公司、法国国家铁路公司等,还成立了一个发展委员会,汇集各类人员,如居民团体、经济界、就业群体、地方公共服务部门和具有相应资格的专家。这意味着通过自下而上的方法,将尽可能多的参与者联合起来,打造出共同的设计方案,成为一种交易的产品。

四、参与者系统的复杂化和新的决策过程

第三点,是关于决策方式的变化,这种变化的原因在于参与者系统的扩大化和复杂化。这部分内容主要基于伊夫·詹维尔(Y. Janvier)和吉尔·平森的学术成果,他们仔细研究了参与者系统的这些转变。根据伊夫·詹维尔的说法,管理型的、专制的、等级化的、金字塔式和垂直式的决策模式已经被取代,让位于磋商、开放、横向和多元化的模式,众多利益相关者参与互动。他在新的规划设计过程中确定了四项主要职能:战略职能、政策支撑职能、技术牵引职能和实施职能。过程中的每一步都涉及特定的参与者并通过专门的程序和方式作出决策。他还区分了项目进程中的三个连续阶段:上游(概念、策略),中游(指导),下游(实施)。与刚性的传统规划相比,当前的规划在其展开过程中呈现出的特点是非线性、反复性和灵活性:功能之间的来回切换,项目阶段之间来回往复,可以随时接受质疑,面对改变保持灵活和开放。

　　吉尔·平森的观点则是,从由国家主导的对公共行动的垂直等级模式过渡到主要以市场为导向的横向且多元化的规划开发模式。这样的过程涵盖了在项目的每个阶段针对每一种职能的不同参与者之间所建立的伙伴关系和联盟,正是在这些各式各样的合作中存在着交易,使规划设计最终成为交易的产品。根据平森的说法,不再是联盟关系促成了项目,而是项目催生并预设了联盟:规划设计通过参与者之间的互动和交易孕育出集体行动。这第三点主要关注新的城市规划的程序性。

　　在上文提到过,在普莱恩圣丹尼斯的城市设计项目中已经开始显露出参与者系统的复杂性。同样地,在另一个横跨巴黎市和郊区之间内环线的名为"巴黎东北部"城市设计项目中,也动员了大量参与者。合作伙伴包括巴黎市政府、18 区行政当局和 19 区行政当局、普莱恩市镇联合体、庞坦(Pantin)市政府、法兰西岛大区以及法国铁路、巴黎公交等;还有一些公私合营的开发公司和私营房地产商;总协调建筑师以及众多项目建筑师。至于居民,在这里也成立了一个常设的协商委员会,让他们参与决策。

　　参与者也可以根据主要的规划职能进行分组。以巴黎左岸为例,在这个项目的进展过程中,四种职能分布于相继出现又相互作用的三个主要阶段,即上、中、下游。

　　(1)上游阶段:这是战略职能发挥作用的地方。整个过程集中在对概念的制定和修改,包括内容安排(例如在协议开发区布置一所大学)和城市形态设计(巴黎城市规划研究室做的空间开发,也需要不断重审并修正)。对该项目的重要修改发生在三个时间节点,分别是:1989 年决定在这里建设国家图书馆,1997 年协商机制的建立,2001 年左翼赢得市政府权利。这些修改作用于决策机制(取决于协商和市政府的作用),并对设计产生影响。

　　(2)中游阶段:政策支持和技术指导职能相结合。这两项职能从1991 年开始由巴黎项目管理与开发研究公司(SEMAPA)负责。该公司自 1997 年开始与区内各协会保持长期协商,这在巴黎是一个独特的案例。这个阶段的工作主要包括制定竞赛文件并组织咨询以选出项目的总协调建筑师,分别负责不同片区。每个片区又有多位项目建筑师以及多样化的城市设计解决方案,其目的就是避免单一化和标准化,这是项目开发者对城市品质的基本要求。

（3）下游阶段:这是最后的实施职能。由开发者统一配备基础设施后,部分地块会被出售,每个地块上将实施特定的项目操作,有不同的利益相关方参与,根据不同片区(该项目共 8 个片区),在总协调建筑师指导下进行,受总开发方巴黎项目管理与开发研究公司的监督。例如在奥斯特里茨(Austerlitz)片区的一个地块上,参与者有总协调建筑师、地产商、使用者、项目建筑师。

图 13.4 巴黎东北部:普莱恩圣丹尼斯项目区域(2007 年)

注:ⓒ APUR。

五、公共辩论的兴起和地方民主的发展

第四点是对第三点的补充,即在辩论和决策过程中将居民和市民作为参与者。这说明了在城市管理中,最近几十年,地方民主和参与式民主的发展,这来自居民和使用者对参与建设其生活环境的需求,以及对自上而下的专制规划的质疑;同时,这也展现了议员与市民合作进行城市管理的政治意愿,目的往往在于化解争议并避免各种形式的对立。关于市民专业性这个话题的文献非常丰富。参与的形式、方式以及参与或讨论的条件(公民评审团、街区委员会等)被区分开来。例如,米歇尔·卡隆(Callon)、皮埃尔·拉斯库姆斯(Lascoumes)、雅尼克·巴特(Barthes)谈到的"混合论坛",是指这类论坛的组织安排会在辩论中将专家和外行、居民和议员等混合在一起。这种参与的真实性及其形式也受到质疑,其真实程度和有效程度可以通过参与方式的梯度等级进行评估,按照参与的增长程度划分等级:信息、咨询、协商、共同决策。只有最后一级才符合真实的参与,比如,参与式预算。

因此,随着在城市规划中公共辩论的兴起和参与面的扩大,问题在于居民、专家和议员之间三方协商的方式,通过交易产生决策。这些交易可以是契约型,即在一个预设的、预定义的框架内展开(街区议会、专题委员会、城市工作坊等),也可以是冲突和争议型(居民协会的抗议、在既定框架之外发展出的紧张局面、法律攻击等)。后者的形式如果出现,一定是在前者不存在的情况下,在没有提供任何协商条件的时候或者是在条件不够充分的时候产生了对居民而言具有争议或不可接受的决策。

巴黎中央市场(Les Halles)改造项目是从冲突型交易过渡到契约型交易的一个有趣的案例。设计竞赛在努维尔(Nouvel)、曼金(Mangin)、温尼·马斯(Winy Maas)、库哈斯(Koolhaas)四个建筑师团队之间角逐,结果于 2004 年公布,却引发了巨大的争议,争议主要针对竞赛的组织以及

最终被选中的曼金团队的设计方案。一场广泛的辩论汇聚了知识分子和该街区的各类居民协会,他们积极地参与了对设计方案的批判性分析。获胜方案饱受争议,迫使市长暂停原竞赛,通过与居民协会的一系列交易(指磋商和妥协)提出举行一个新竞赛。曼金团队方案中的花园设计因受到居民协会的青睐而得以保留,并将由该设计团队完成,条件是要进行第三轮(新)竞赛。在 2007 年组织的第三轮比赛中,帕特里克·伯杰(P. Berger)和雅克·安齐乌蒂(J. Anziutti)胜出。在此期间内,因为已经意识到了缺乏参与及其所带来的后果,巴黎市长于 2005 年决定根据巴黎左岸的模式为中央市场项目创建一个永久性协商框架:与各利益相关方签订永久协商合同,明确对这种协商的组织和运作,使之成为契约型交易。尽管有了这个讨论框架,在居民协会与曼金就花园方案出现意见分歧后,冲突又重新开始,居民协会想要将曼金的方案告上法庭。这并不会成为先例,因为早在巴黎左岸项目中,在 1997 年设立永久协商之前,1990年订立的协议开发区土地利用规划(PAZ)在 1993 年被行政法院废止,理由是密度过大且绿化空间不足,这正是居民协会采取法律行动的结果。

我们在上文中提到过的楠泰尔市,该地区的城市空间因交通基础设施的突然出现而遭到破坏,自 1989 年以来就存在着长期的对抗,当地政府及居民反对拉德芳斯项目利用该地区的土地进行扩张。当时出现了两个相互对立的方案。面对持续的僵局,国家于 1998 年任命了新省长,以在各个参与者的不同利益之间找到折中的解决方案。最后达成了令双方都满意的一项交易,这使楠泰尔拥有了一个公共开发机构(即塞纳拱门公共开发机构 EPASA),并在 2000 年发起了竞赛,旨在重新定性并重新规划开发这片受创伤的土地,使之成为一个可持续城市。这就是楠泰尔"露台"(TGT)项目。但是,在努力抗争以选择符合本地区利益的方案并拥有自己的公共开发机构之后的今天,由于国家的干预,当地政府重新质疑其自身的独立性。国家想要让拉德芳斯公共开发机构(EPAD)和塞纳拱门公共开发机构(EPASA)合并,为了满足拉德芳斯的需求,进行统一管理,并在内容制定上做出重大改变(增加更多的办公),这将使项目的建设面积翻倍,因此与最初"露台"项目预计的密度及性质(可持续性)相矛盾。因此,冲突被重新打开,期待着新的交易。

六、结语:迈向交易型城市规划

正是这四个条件,定义了当今城市规划的总体产生背景,这样的规划我们称之为交易型城市规划。随着市民作为参与者的加入,参与者系统变得更加复杂,使决策系统变得更加沉重、更加缓慢,通过规划治理城市的能力也变得更加困难,主要原因在于"邻避"(NIMBY)现象①,即为了捍卫个别群体和地方化的小范围利益而对抗普遍的大众利益,往往阻碍项目的进展。同样,开放的、多变的参与者系统变得不稳定,参与者之间的平等协商,被视为民主运作的原则,却会引起冲突和对立,进而使决策过程拖延且变得更加复杂。例如,对于"大巴黎"项目,许多人像盖伊·伯格尔(G. Burgel)一样,认为权力分散和决策的多层级化,是构成延迟实施的障碍。在这样的方法中,规划设计不再能够预先完全确定下来;它现在是讨论的结果,是或长或短的协商过程的结果:以一种过程性的、建构式的方式来定义这种方法。因此,一种新的合法化过程成为城市规划的特征,它结合了伙伴关系的方式,使公/私参与者结盟,这种结盟在项目进程中会根据不同阶段不断发展变化,是一种不稳定的、会随时间不断变化的、根据不同行动而多种多样的结盟。

对于这种过程性方法,城市的学说和言论有时(在最好的情况下)会为设计带来想法和丰富的内容。然而在很多时候,我们所要处理的是城市规划及其实践中的刻板内容,简化为单一的管理逻辑:纯粹是程序性

---

① 编者注:邻避,来自英文 Not In My Back Yard(NIMBY)的首字母缩写。这种现象指的是一种常见的态度,即强烈拒绝任何靠近自己住处的项目。作者在这里使用了这个词来表现其典型情景,即通常在规划设计的过程中,方案因符合大众利益而得到大多数人支持,但可能影响到个别群体或个人的利益而遭到他们的强烈反对和阻挠。

的、缺乏意义和前瞻性的管理型城市规划,逐渐传播开来。因此,我们可能会问,新兴的"可持续城市"学说是否代表了重新赋予城市规划丰富性的当代尝试。这或许可以解释当前对这个新学说的推崇,但这仍是一个正在孕育的学说,其轮廓还不清晰,内容尚且模糊。一些生态区的经验表明,它有待进一步发展和深化,它的应用仍是片面的和有限的。这种可持续城市规划最成功的呈现形式之一无疑是后碳城市,完全聚焦于能源问题和气候变化:但这足够吗?

在自由市场逻辑中,例如在英格兰,城市项目被转化为简单的机会型规划,常常与极大的不稳定性相伴。联盟关系随着实际规划项目而发展变化,在这种自由逻辑中,国家或者代表国家的公共机构的角色退缩为简单的项目促进者,完全留给参与者来定义项目的内容、计划和目标。在这个基于参与者之间既是合作又是竞争关系的决策系统中,国家成为了众多参与者中的一员。我们还看到,关于制定规划项目,国家与地方政府之间出现了一种所谓"合同"的新做法(城市合同、聚居区合同、国家与大区的合同等)。这就是为什么我们还谈到"契约民主"。这种新的法律制度正在不断扩展,随着国家的退出,它反映出普遍意义的法律和规则的没落:这种契约民主主要通过折中、共识以及交易来发挥作用。

根据吉尔·平森的说法,在国家影响被削弱和消除的背景下,不再是参与者联盟制定了项目,而是项目创造了联盟(作为共同利益的集合)。对他而言,规划设计的目的不再是解决公共行动问题(城市更新、经济发展、土地开发、设施等),而是建立能够以持久和稳定的方式动员并结盟的参与者系统。在这种情况下,政治的作用只在于帮助稳定联盟。规划设计能够在多元化的背景下孕育出集体行动,参与者不愿屈服于外部强加的高层政治意愿,而且资源往往也是分散的。我们看到随着国家的退出,先进的民主或称最低限度的民主,以及它的演变(从民众到个人,从公众到私人),在这里以什么方式转化为对城市的建造,其中政治群体变成了政治市场型群体;这种交易型城市规划以什么方式受到传统民主向自由民主的混合制度转型的影响和限制。

终章　围绕大都市的语境变迁

　　镜像都市概念最初源自"镜像巴黎"项目，是一种内观，一种对城市自身的反思和审视，当然也有另外一层意思，就是向外与国际化都市的对照。在近二十年前，我们关于巴黎作为大都市的辩论，其中所展开的最重要的问题之一是通过与城市相关的各类学科、各个专业、各项知识技能所分享的理念与设计方法来领会这个大都市作为一种现象的难度。如果我们承认城市形态代表了一种文明的状态或是对文明的规划，那么问题在于：今天，各种由建筑师、规划师、景观师所做的大都市设计预示着什么样的文明？是当前城市文明意象化的不同形式，还是预示着新的文明体系的不同空间？有一点我们确信无疑，除了每个学科固有的设计方式与方法，在这项预示工作中还存在着一种古老的区别，那就是"设计绘图（dessin）与设计意图（dessein）"之间的区别：在每一张设计绘图中都栖居着一个设计意图，它可以是隐晦的或明晰的，有意识的或无意识的，务实的或"乌托邦式的"。同样，它可以遵循某种模式，即可模型化，又或者追求无模式化。因此，至于一项设计的预示价值，我们指的不是在物质上实现的能力，而是这个价值能够纳入整体价值中，或者是我们所说的民主、自由、平等的价值体系中。

　　今天，面对如何在各种复杂性中把握大都市问题的困难，空间生产在政治与文化之间的关系也被加剧了。对于价值共享、这些价值在空间形态上的转化、在各专业知识领域之间展开的对话、通过设计绘图/设计意图[dess(e)in]的创新和预示能力等一系列追问,构成了一个真正的难题。这也正是我们在所提出的"镜像巴黎"概念框架下激烈辩论的问题,目的是将不同学科的知识和研究方法进行对照,能够在设计工作中相互作用,来探索以下问题:我们正在为了什么样的城市文明而努力? 如果我们生活在一个政治将设计工作工具化的时代,而且设计者又恰恰投其所好,那么,最根本地就在于呈现出不同的利益相关者从什么样的"世界观"出发去理解大都市的尺度,以及不同专业领域如何参与到一个既是对社会也是对空间的设计中来。

一、大都市维度的探讨:方法与对象

如果通过大都市模式的创始形象来把握有关大都市的概念维度,并以当今大城市的发展策略来描述,就会呈现出两种相反的立场。在欧洲,大都市的概念雏形来自:其一,雅典的城邦-城市,即以民主的名义创造并联结了一个城邦网络;其二,罗马,一个帝国的中心城市,在所有被征服的城市中具有统治地位。雅典所塑造的形象体现了城市之间的团结,而罗马的形象则表现出城市之间的竞争。我们今天所理解的大都市模式,其象征性和典范性既来自古代早期的这两个重要城市,又来自19世纪的大型都城。因此,如今探寻大都市的模式,要在其整体性中为多样性和差异化留有空间,即在塑造城市空间上体现多样性,在行政管理、经济结构和人口分布上体现差异。如果城市努力创造条件来把握并利用这种差异,它可能成为城市的财富;但如果竞争和自由主义的逻辑占据上风,这种差异也可能带来灾难。

自20世纪初以来,城市规划师在大规模的规划项目中使用抽象的画面来表现物质和非物质对象之间的联系。这种联系的建立既基于"等级"概念——在经济、社会和文化价值之间,又基于"共生"概念——在群体和个人之间。这使得不同的形式可以共同存在于大城市中。至于"轮廓"的概念,它使得设计对象在空间中能够在移动性、流动性以及趋于不稳定关系之中寻找稳定性。近年来与大都市地区相关的新词汇见证了面对新的城市化现象的混淆状态。大都市似乎不再能够在整体层面上进行规划,而成为了一个不确定且无法定义的城市,只能通过其不受控制且不可控的加速变化而存在。但是,大都市的维度也可以通过比喻来进行描述,即以一种借代的方式让公共空间能够成为一个大城市的形象替代。因此,思考大都市的维度既可以从它所提供的物质、实体、空间层面,又可以从其中的非物质层面考虑,即空间中的活动、权力以及公民的权利和义务。

二、巴黎如何成为大都市:治理方式的转变

大都市化的现象及其近期的发展变化使得我们首先要回顾的是控制并打造了这样的地域空间的制度记忆以及为了设计它们所使用的词语。为什么"大都市"一词自古以来就存在,却对巴黎这个聚居区而言是新的?制度建设在与巴黎地区相关语汇的形成过程中发挥了什么作用?质疑那些伴随这个地区的行政演变而产生的概念,意义又是什么?

这些问题与大都市治理中所呈现出的新景象有关,即能够解决行政区划与地域现实之间的差异。目前可以看到,在法国,国家对于首都地区规划开发的态度发生了变化,这就需要以新的政治视野来对待大都市的未来。对于巴黎市而言,巴黎大都市的政治权属问题不应该停留在精英阶层的辩论,而应该以民众的"身份认同"感为目标指向。因此,要为巴黎地区出现的这种新形式构建一种归属感,这已经明确地成为巴黎市政府在未来几十年的主要政治问题之一。

对于大区而言,住房质量、交通、就业和教育、环境,这些仍然是当今

社会和经济空间中最紧迫的事项。针对这些问题,大都市的管理意味着在尺度规模和政治制度上的交错。"巴黎都市圈"的概念将巴黎纳入国家乃至欧洲范围的大都市网络中。但是,如果没有针对市镇规模去思考各地空间规划,就不可能建立起新的空间认同。同时,地域身份认同问题还触发了对空间在精神和图形上的表现问题,对此,规划设计将有助于识别和揭示现状中的空间框架。空间的表现在对地域的思考过程中是否如此重要,以至于它可以置于所有关于治理的问题之前? 相关讨论本质上突出了重新定义城市区域的空间概念和政治概念的必要性,而前提是要逾越一直以来的城市与郊区二分法。

总而言之,大都市的空间表现和它的城市政策方向之间存在着强大的相互作用。至于对巴黎作为大都市的定义,从或互补或对立的不同角度,曾被反复探讨,其中的观点各不相同,但不再区分阐述者(参与者和观察者)的学科领域,而是根据他们在城市行动中所扮演的角色。这些角色中的每一个都有相应的工具、尺度、模式以及概念,都有相应的立场、政治挑战和制度问题、道德和行为准则以及责任。

三、巴黎的大都市化设计

为了巴黎作为大都市的登台,我们看到围绕大都市主题的各种项目中呈现出的设计多样性,通过在尺度、密度、移动性、中心性等方面的差异化甚至矛盾的处理方式。这可以通过一些对比鲜明的概念或意向来解读,例如,基于空间结构的"多中心大都市""多极核大都市""多中心紧凑型大都市""加强极化和共生场所的大都市";形象化的"各向同性发展的多孔城市""根茎城市""多核线性大都市";还有偏感情色彩的"极具诗意的多核大都市""漫都市"等。所有这些版本中,首先处理的是交通问题(从慢行交通到快速和高速交通),并提出在各个中心和各个或密集或松散的极核之间建立联系。但是,抛开那些用于描述大都市尺度的形象或模式,不能否认有必要考虑地区可达性,在这样的情况下,设计中的某些立场显得过于抽象,与本地政治人物所表达的立场大相径庭,也与来自本地社会和经济的自发力量的声音形成鲜明对比。例如,关于使巴黎可以再次具有全球竞争力,设计想法是利用位于大西洋沿岸的海港(Le Havre),这种想法似乎基于对土地空间的功能主义解读,跨过了地形、历史、地理、社会的特殊性以及非常大规模的不同地域。

最重要的是,需要为巴黎大都市创造一种新的基于其自身历史和象征性命运的战略叙事。它的第一个维度是政治性的,从完整意义上说,就是关于城市的设计意图。关于这一点,巴黎的创始故事将空间的设计讲述为单一中心的扩展(唯一且不对称),并与国家层面的建设取得一致。但是在今天,真正的创新是设想一个独特的合理性机制,将国家与地方结合起来、将代议制民主和参与式民主结合起来。因此,并不是像一些设计中所强调的那样,将创始故事变成了一个幻想中的乌托邦,或者将正常运作的大都市与它的国内和国际物流空间相混淆。必须知道如何找到或创造一种公共行为的逻辑杠杆,以触发并规范社会和经济的自发力量。为了获得成功,大都市设计必须在空间和方法的明确战略上,在地方和全球尺度上,提出与制度相结合的明确意愿,从而知道如何落实规划的主要原则以及针对预期所要做的必要转变。

四、政治设计与空间设计之间的语意传递

由此,我们想要回到规划与设计(plan/projet)①的关系问题上,它们之间的矛盾冲突在今天看来似乎越来越激烈。这种冲突应该被理解为各

---

① 在这里,我们将有关城市任何尺度对未来预判或展示的方法与过程统称为"设计",包括大大小小的项目,目的不是突出设计作为创意、绘图或者计划等其中任何单一方向的解读,而是跨越尺度大小的差异带来的对地域的分段式或等级式思考,从而降低对地域整体性思考的影响。可以在狭义上理解为"城市设计"。

行业或学科团体(规划师、地理学者、建筑师等团体)之间的对峙,而不是被研究对象(地域)及其尺度[大尺度规划(plan),中、小尺度设计(projet)]在性质上的内在矛盾。在"镜像巴黎"概念框架下的辩论清楚地表明,当前规划与设计的冲突源自有意将各领域专业与技能相互分隔,却又无法创建互动对话的要素和桥梁。这导致各行政层级之间的目标可以无限靠近但无法整合。这样的失常现象被权力所利用。当哲学家或政治历史学家提到"国家",他们会围绕一个概念进行论证,即"民族国家"的概念。但在城市规划中,存在着由政府管理者确定的战略,国家并不是一个抽象概念。在今天的法国,国家-地区(Etat-Région)的对立方式有所更新,但这种对立从来不是抽象存在的:这是一种相互矛盾政策的对立,地方利益与国家乃至国家之上的利益之间的对立。国家作为管理者本应该布局并协调不同维度的关系:区域与市镇、跨区域与国家、跨国境与欧洲乃至更大范围。但当国家管理者利用了这种伴随着地域地理所形成的利益地理的固有对立时,该如何逾越这种矛盾呢?

在城市、国家、区域之间的对立必须从政治策略的角度看待,并用政治语言进行分析,以了解为什么反对的声音在一个阶段加剧而在另一个阶段缓和。国家管理者往往沉湎于微观政治,除此以外,规划与设计的关系也因规划和设计目标的改变而发生了变化。在城市规划历史中,设计参与到所有利益相关者的策略中,它曾是挑战和启发,引导出经济愿景、社会愿景、功能复合的愿景、政治愿景。设计不仅是对占主导地位的参与者(政府)意愿的"翻译"或对现实的随意抽象。它与规划一样,应该类似于一种"变形"的政治话语:它应该是为了公民、源于公民、由公民撰写;基于法律公平、权利平等和公民平等。但也是在另一种意义上的政治话语:"政治"作为国家在公共事务上的话语。因此,所描绘的话语既不空洞也不溢满:仅仅在表意。而相对于文明,它可能意味着更好,或者更坏。

参考文献

Alluin Ph. Ingénierie de conception et ingénierie de production[M]. Paris: PUCA, 1998.

Amendola G. Tra Dedalo e Icaro. La nuova domanda di città[M]. Bari: Laterza, 2010.

Ampe F, Neuschwander C. La République des villes[M]. Paris: L'Aube/Datar, 2002.

Arab N. La coproduction des opérations urbaines[J]. Espaces et Sociétés, 2001.

Ascher F. Les nouveauxprincipes de l'urbanisme[M]. La Tour d'Aigues: Editions de l'Aube, 2001.

Bekkouche A. Développement durable: L'enjeu urbain[J]. Urbanisme, No. 324, Mai-Juin 2002.

Bevort A. Pour une démocratie participative[M]. Paris: Presses de Sciences Po, 2002.

Blanc M. L'avenir de la sociologie de la transaction sociale [J]. Recherches sociologiques et anthropologiques, Vol.40, No.2, 2009.

Blanc M. Pourune sociologie de la transaction sociale[M]. Paris: Harmattan, 1992.

Blanc M. Conflits et transactions sociales: la démocratie participative n'est pas un long fleuve tranquille[J]. Sciences de la société, No.69, Octobre 2006.

Blondiaux L, Sintomer Y. Démocratie et délibération[J]. Politix, Vol. 15, No. 57, 2002.

Boutinet J-P. Anthropologie du projet[M]. Paris: PUF, 1993.

Burgel G. Parismeurt-il?[M]. Paris: Perrin, 2008.

Cacciari M. Metropolis.Saggi sulla grande città di Sombart, Endell, Scheffler e Simmel [M]. Rome: Officina, 1973.

Callon M, Lascoumes P, Barthes Y. Agir dans un monde incertain[M]. Paris: Le Seuil, 2001.

Castells M.European cities, the informational society, and the global economy[J]. Tijdschrift Voor Economische En Sociale Geografie, 1993(4).

Choay F. La Règle et le modèle. Sur la théorie de l'architecture et de l'urbanisme[M]. Paris: Le Seuil, 1980.

Choay F. Urbanisme, utopies et réalités[M]. Paris: Le Seuil, 1965.

Clavel M. Sociologie de l'urbain[M]. Paris: Anthropos, 2004.

Craps/Curapp(collectif). La démocratie locale. Représentation, participation et espace public[M]. Paris: PUF, 1999.

Davoudi S. Conceptions of the city-region: a critical review[J]. Proceedings of the Institution of Civil Engineers-Urban Design and Planning, 2008, 161(2):51—60.

Duhem G, Grésillon B, Kohler D, eds. Paris-Berlin. Regards croisés sur deux capitales européennes[M]. Paris: Anthropos, 2000.

Ellin N. Postmodern urbanism[M]. Cambridge: Blackwell Publishers, 1996.

Emelianoff C.Urbanisme durable?[J]. Ecologie et politique, No.29, 2004.

Fourcaut A, Bellanger E, Flonneau M, eds., Paris/Banlieues. Conflits et solidarités. Historiographie, anthologie, chronologie 1788-2006[M]. Paris: Créaphis, 2007.

Freynet F, Blanc M, Pineau G. Les transactions aux frontières du social[M]. Lyon: Ed. Chronique sociale, 1998.

Friedmann J. World Cities in a World System[M]. Cambridge University Press, 1995.

Gauchet M. L'avénement de la démocratie, La révolution moderne, t. I, La crise du libéralisme 1880-1914, t. II[M]. Paris: Gallimard, 2007.

Gauchet M. La démocratie contre elle-même[M]. Paris: Gallimard, 2002.

Gauchet M. La démocratie d'une crise à l'autre[M]. Nantes: Ed. Cécile Defaut, 2007.

Gaudin J P, Stabilité et instabilité dans les processus de décision urbaine[M]. Paris: PUCA, 2008.

Hall P G, Pain K. The polycentric metropolis: learning from mega-city regions in Europe[M]. Routledge, 2006.

Hall P, Kathy P. The polycentric metropolis: learning from mega-city regions in Europe[M]. London: Earth Scan, 2006.

Hall P. Global city-region in the 21st century[M]//Scott A. Global city-regions: trends, theory, policy. Oxford University Press, 2001.

Hoffmann-Axthelm D. Die dritte Stadt[M]. Francfort sur le Main: Suhrkamp, 1993.

Indovina F. La nuova dimensione urbana. L'arcipelago metropolitano[C]//Marcelloni M, ed. Questioni della città contemporanea[M]. Milan: Franco Angeli, 2005.

Janvier Y. Un système de production en mutation[C]//Masbougi A, ed. Fabriquer la ville. Outils et méthodes: les aménageurs proposent [M]. Paris: La documentation française, 2001.

Janvier Y. L'Avenir des structures d'aménagement [M]. Paris: Club Ville Aménagement, Juin 1999.

Jouve B. Lagouvernance urbaine en question[M]. Paris: Elsevier, 2003.

Jouve B. Lagouvernance urbaine en question[M]. Paris: Elsevier, 2003.

Leroy S. Sémantiques de la métropolisation[J]. L'Espace géographique, 2000, No.1.

Levy A. Quel urbanisme pour la société postindustrielle ?[J]. Esprit, 11, Nov. 2006.

Levy A. La ville durable, paradoxes et limites d'une doctrine d'urbanisme émergente [J]. Esprit, 12, Dec. 2009.

Levy A, Blanc M. Ville et démocratie[J]. Espaces et Sociétés, No.112, 2003.

Lussault M. Les territoires urbains en quête d'images[J]. Urbanisme, mai-juin 2005, No.342.

Lyotard J-F. La conditionpostmoderne[M]. Paris: Minuit, 1979.

Lyotard J-F. Lepostmoderne expliqué aux enfants[M]. Paris: Galilée, 1986.

Marcelloni M. Introduzione[C]//Marcelloni M, ed. Questioni della città contemporanea, Milan: Franco Angeli, 2005.

Mayor of London. The London plan: spatial development strategy for London consolidated with alterations since 2011[Z]. London: Greater London Authority, 2016.

Mazzoni C, Lebois V, Levy A, et al., La métropole en projet, Identités et forces structurantes des territoires dans la construction de Paris métropole[M]. Paris: MCC/BRAUP, 2009.

Mazzoni C, Lebois V, Levy A, et al., Lieux-gares dans la ville d'aujourd'hui[M]. Paris: MELTLTM/PUCA, 2005.

Novarina G, Cogato-Lanza E, Vayssière B, et al. Villes européennes contemporaines en projet[C]//Tsiomis Y, ed. Echelles et temporalités des projets urbains[M]. Paris: Jean-Michel Place, 2007, pp.73-94.

Panerai P. Parismétropole. Formes et échelles du Grand Paris[M]. Paris: Editions de la Villette, 2008.

Petreschi M. La ritualità negata alla ricerca del sulcus primigenius[C]//Marcelloni M, ed. Questioni della città contemporanea, Milan: Franco Angeli, 2005.

Pinson G. Gouverner la ville par projet. Urbanisme et gouvernance des villes européennes[M]. Paris: Presses de Sciences Po, 2009.

Prost R. Projets architecturaux et urbains. Mutations des savoirs dans la phase amont [M]. Paris: PUCA, 2003.

Remy J. La vie quotidienne des transactions sociales: perspectives micro ou macro-sociologiques[C]//Blanc M, ed. Pour une sociologie de la transaction sociale[M]. Paris: Collection Logiques Sociales-Éditions L'Harmattan, 1992.

Sassen S. The Global City: New York, London and Tokyo[M]. NJ: Princeton University Press, 1991.

Scott A J. Global city-regions. trends, theory, policy[M]. Oxford: Oxford University Press, 2001.

Scott A. City-regions reconsidered[J]. Environment and Planning A: Economy and Space, 2019.

Scott A. Global city-regions: trends, theory, policy[M]. Oxford University Press, 2002.

Simmel G. Le concept et la tragédie de la culture(1911)[C]//Jankélévitch V, ed. La tragédie de la culture[M]. Paris: Rivages, 1988, pp.179-180.

Taylor P J. World city network: a global urban analysis[M]. London: Routledge, 2004.

Veltz P. Le nouveau mondeindustriel[M]. Paris: Gallimard, 2000.

Veltz P. Mondialisation, Villes et Territoires[M]. Paris: PUF, 1997.

陈小鸿,周翔,乔瑛瑶.多层次轨道交通网络与多尺度空间协同优化——以上海大都市圈为例[J].城市交通,2017,15(1):20-30.

程遥,张艺帅,赵民.长三角城市群的空间组织特征与规划取向探讨:基于企业联系的实证研究[J]. 城市规划学刊,2016(4):22-29.

崔功豪. 借鉴国外经验建立中国特色的区域规划体制[J]. 国外城市规划,2000(2):1-7.

范宇,石崧,张一凡,等.目标与实施导向下的总体规划指标体系研究[J].城市规划学刊,2017(S1):75-81.

方中权,陈烈.区域规划理论的演进[J].地理科学,2007(4):480-485.

高汝熹.大上海大都市圈经济发展研究[J].城市,2004(3):14-18.

顾朝林. 城镇体系规划:理论·方法·实例[M].北京:中国建筑工业出版社,2005.

郭磊贤,吴唯佳.基于空间治理过程的特大城市外围跨界地区空间规划机制研究[J]. 城市规划学刊,2019(6):8-14.

黄哲,钟卓乾,袁奇峰,等.东莞样本:全球城市区域腹地城市的发展挑战与地方响应[J].城市规划学刊,2021(3):36-43.

蒋凯,昝骁毓,李政寰.城镇体系识别及空间结构特征比较——以北京、上海、东京都市圈为例[J].城市发展研究.2020(4):55-61.

李郇,周金苗,黄耀福,等.从巨型城市区域视角审视粤港澳大湾区空间结构[J].地理科学进展,2018(12):1609-1622.

陆大道.我国区域开发的宏观战略[J].地理学报,1987,42(2):97-105.

陆铭.优化"上海大都市圈"的空间形态:做"八爪鱼"而非"太阳系"[EB/OL].https://www.yicai.com/news/100152947.html.2019.

栾强,罗守贵,郭兵.都市圈中心城市经济辐射力的分形测度及影响因素——基于北京、上海、广州的实证研究[J].地域研究与开发,2016,35(4):58-62.

罗守贵,金芙蓉,黄融.上海大都市圈城市间经济流测度[J].经济地理,2010,30(1):80-85.

马璇,张振广.基于人口流动的长三角区域空间演化特征及态势研究[J].城市规划学刊,2020(5):47-54.

钮心毅,王垚,刘嘉伟,等.基于跨城功能联系的上海大都市圈空间结构研究[J].城市规划学刊,2018(5):80-87.

沈立人.为上海构造都市圈[J].财经研究,1993(9):16-19.

宋家泰,顾朝林.城镇体系规划的理论与方法初探[J].地理学报,1988(2):97-107.

孙娟.都市圈空间界定方法研究:以南京都市圈为例[J].城市规划汇刊,2003(4),73-77.

唐子来,赵渺希.经济全球化视角下长三角区域的城市体系演化:关联网络和价值区段的分析方法[J].城市规划学刊,2010(1):29-34.

屠启宇.21世纪全球城市理论与实践的迭代[J].城市规划学刊,2018(1):41-49.

王德,顾家焕,晏龙旭.上海都市区边界划分——基于手机信令数据的探索[J].地理学报,2018,73(10):1896-1909.

吴良镛.城市地区理论与中国沿海城市密集地区发展[J].城市发展研究,2003(2):3-9.

熊健,等.上海大都市圈蓝皮书2020—2021[M].上海:上海社会科学院出版社,2021.

熊健,孙娟,等.都市圈国土空间规划编制研究——基于《上海大都市圈空间协同规划》的实践探索[J].上海城市规划,2021(3):1-7.

熊健,孙娟,等.长三角区域规划协同的上海实践与思考[J].城市规划学刊,2019(1):50-59.

熊健,孙娟,王世营,等.长三角区域规划协同的上海实践与思考[J].城市规划学刊,2019(1):50-59.

徐长乐,殷为华,谷人旭.加速构建"上海大都市圈"[J].经济世界,2003(2):10-13.

姚士谋.评《全球城市区域的空间生产与跨界治理研究》[J].经济地理,2017(2):224.

于涛方,张译匀,杨烁.中国巨型城市区长远空间战略展望及"十四五"思考[J].规划师,2020(19):5-13.

张春霞.上海大都市圈主要城市产业定位研究[D].上海:上海交通大学,2007.

张颢瀚.上海大都市圈与南京都市圈:构筑中国经济战略主干线[J].南京社会科学,2003(S2):468-471.

张敏,顾朝林,陈璐,等.长江三角洲全球城市区空间建构[J].长江流域资源与环境,2006(6):787-792.

张泉,刘剑.城镇体系规划改革创新与"三规合一"的关系:从"三结构一网络"谈起[J].城市规划,2014,38(10):13-27.

张伟.都市圈的概念、特征及其规划探讨[J].城市规划,2003(6):47-50.

张晓明,张成.长江三角洲巨型城市区初步研究[J].长江流域资源与环境,2006(6):781-786.

赵亮.欧洲空间规划中的"走廊"概念及相关研究[J].国外城市规划,2006(1):59-64.

郑德高,朱郁郁,陈阳,等.上海大都市圈的圈层结构与功能网络研究[J].城市规划学刊,2017(5):41-49.

郑德高,马璇,等.追求卓越的全球城市:上海城市发展目标和战略路径研究[J].城市规划学刊,2017(S1):67-74.

郑德高,朱郁郁,陈阳,等.上海大都市圈的圈层结构与功能网络研究[J].城市规划学刊,2017(5):41-49.

郑德高.等级化与网络化:长三角经济地理变迁趋势研究[J].城市规划学刊,2019(4):47-55.

郑德高.经济地理空间重塑的三种力量[M].北京:中国建筑工业出版社,2021.

致 谢

本书是上海社会科学院城市与人口发展研究所和巴黎美丽城国立高等建筑学院 Ipraus-UMR AUSser 实验室的合作成果,由来自上海和巴黎两地的学者和专家携手而成。作者来自上海社会科学院、上海城市规划设计研究院、中国城市规划设计研究院上海分院、上海市规划和自然资源管理局、巴黎美丽城高等建筑学院、巴黎地区研究院、法国国家科学研究中心。上海市规划和自然资源管理局给予了本书研究撰写和翻译出版的资助。上海大都市圈规划研究中心给予了本书研究协调支持。

《城市规划学刊》编辑部、《上海大都市圈蓝皮书》编委会同意了本书中方作者采用部分已刊发成果内容。关于大巴黎都市区域发展的文章是基于2008—2009 年间巴黎高等研究院(IEA-Paris)主持的"镜像巴黎——法兰西岛大都市区"项目框架内法国作者撰写的文章。一些是该项目期间研讨会原始记录的转述,另一些是在专著《巴黎,镜像都市》(2012 年法文版或 2022 年英文版)中出版的学术文章。樊朗博士承担了法方文章的中文翻译工作;访问学者张亚萍承担了英文翻译工作。在此一并表示诚挚的谢意。

Introduction. Métropole magique— métropole de beauté: deux métropoles en miroir

Tu Qiyu, Cristiana Mazzoni

Ce livre est un essai de mise en miroir de deux des principales métropoles du monde et de la manière dont elles sont entrées récemment sur la scène mondiale de la planification à l'échelle régionale. Dans les années 2010, Shanghai et Paris, situées aux extrémités opposées du continent eurasien, ont lancé presque simultanément et de manière substantielle le développement de la ville-centre-le coeur métropolitain-au-delà de ses limites administratives. En France, le dernier Schéma directeur de la région Île-de-France(SDRIF) a été approuvé en 2013; la métropole du Grand Paris a officiellement été créée le jour de l'an 2016, sur la base de la loi MAPTAM. En Chine, Shanghai et les deux provinces voisines, la province de Jiangsu et la province de Zhejiang, ont entamé conjointement en 2019 l'élaboration du Plan de coopération de la région métropolitaine de Shanghai 2022—2035, approuvé en 2022. C'est au travers de ces étapes que ces deux villes, développées à l'échelle de leurs régions respectives, sont officiellement entrées sur la scène mondiale comme étant deux villes-régions en devenir.

Cet ouvrage rassemble les résultats d'études menées par des chercheurs reconnus des deux métropoles-Shanghai et Paris-profondément impliqués dans les analyses préliminaires, la planification et le suivi de la mise en œuvre du Grand Shanghai et du Grand Paris. Les articles proposent une réflexion sur la transformation de la ville-centre en une ville-région, sur son passé historique récent, sa situation actuelle et son devenir. La mise en miroir des deux métropoles permet d'utiliser l'une comme miroir de l'autre et de mettre en dialogue des réalités différentes bien que similaires.

De la ville à la ville-région

1. L'échelle optimale d'une ville-région

La capacité qu'ont eue tant les aménageurs publics que les simples citoyens d'élargir la vision urbaine de l'échelle de la ville-centre à celle d'une ville-région dont la zone d'influence reste connectée à la «ville mère», constitue l'une des prouesses théoriques parmi les plus réussies de l'urbanisation actuelle et d'une victoire des efforts conjoints de disciplines multiples telles que la géographie économique, l'économie régionale, la planification urbaine et rurale, la géographie systémique.

Cependant, lorsqu'il s'est agi de définir spatialement la «juste» échelle d'une ville-région, les études et les prospections scientifiques montrent une série infinie d'impasses. Métropoles, aires métropolitaines, bassins de vie métropolitains, régions métropolitaines, régions, grandes régions, méga-régions, zones de résidence, zones d'activités, bassins de vie... le monde universitaire a créé un grand nombre de concepts et de critères pour tenter de donner une représentation unifiée de la ville-région et des secteurs dont elle est composée, mais il s'est confronté à des difficultés très importantes dues à l'absence, la plupart des fois, d'une vision partagée.

2. Explorer des solutions pour une collaboration interrégionale

Le chemin emprunté par Paris et Shanghai pour devenir des villes-régions est plutôt tortueux. L'exploration de la dimension administrative du Grand Paris et du Grand Shanghai remonte au Schéma directeur d'aménagement et d'urbanisme de la région de Paris en 1965, pour l'une, et au Bureau de planification de la zone économique de Shanghai créé en 1982, pour l'autre. Les directives de planification et les respectifs bureaux administratifs ont été établis par le gouvernement central, l'État français et l'État chinois. Ensuite, jusqu'aux années 2010, les deux métropoles ont fait l'objet, à plusieurs reprises, d'importantes explorations à l'échelle métropolitaine concernant les critères d'aménagement, les forces du marché et les différentes articulations du pouvoir local et national. Les deux premiers chapitres de l'ouvrage offrent un aperçu de cette évolution des deux villes à l'échelle métropolitaine telle que perçue par la littérature chinoise à ce jour.

Lorsque le modèle de développement de la ville-centre devient obsolète, il existe différentes manières d'orienter sa nouvelle expansion. Nous pouvons citer trois grandes approches à ce sujet: la première concerne la décentralisation des fonctions afin de décongestionner la ville-centre, effectuée par les autorités nationales et départementales, avec un contrôle du coût des terrains et la recherche d'un équilibre du développement régional, en distribuant les fonctions auparavant concentrées dans la ville-centre dans les communes et les villes nouvelles périphériques; la deuxième concerne l'expansion en tâche d'huile de la ville-centre, basée sur le concept des externalités positives de l'agglomération, et capable de structurer l'espace régional à la fois au niveau fonctionnel et administratif; la troisième concerne le renforcement des villes de la région au détriment de la ville-centre. La situation est sans doute très complexe et ce n'est qu'avec des efforts de coordination et de mise en synergie des acteurs et des compétences que de bons résultats peuvent être atteints. Une forme descendante d'aménagement et de gestion administrative est sans doute importante, mais elle n'est pas

forcément la plus efficace; il est essentiel de trouver un consensus entre les acteurs concernés et que les promoteurs économiques comme les simples citoyens soient impliqués dans les décisions, y compris celles liées à la planification. Les visions partagées deviennent ainsi des catalyseurs importants.

La mise en miroir des deux métropoles

En termes de caractère, de culture, de style de vie et de paysage urbain, Shanghai est dépeinte en Chine comme une «ville magique» et Paris comme une «capitale de la beauté». Ces deux villes ont fait dans le temps des choix paysagers qui ont contribué à en définir un caractère similaire. Il est curieux que leurs rues soient bordées du même type d'arbre-le platane-lequel à Shanghai et notamment dans le secteur des concessions, est appelé «platane français», tandis qu'à Paris, le même arbre est appelé «platane oriental». Une telle coïncidence est peut-être sans équivalent dans le monde, en termes de simple rapprochement d'une situation d'aménagement par rapport à l'autre. De plus, Shanghai et Paris semblent désormais aller spontanément de pair, explorant la voie d'un développement durable et responsable en tant que métropoles de premier plan d'un grand pays développé.

En termes de poids économique et de taille de population, Shanghai et Paris sont incontestablement rapprochées souvent l'une à l'autre. Le débat porte depuis longtemps sur la manière dont les deux villes traitent les sujets liés à l'aménagement durable tout en gardant leur rôle moteur dans le développement national. Ceci a pu engendrer un sentiment de supériorité des Parisiens et des Shanghaïens, qui a persisté longtemps, vis-à-vis des «provinciaux» dans le premier cas, et des «ruraux» dans le deuxième. Mais au fil du temps, ces deux villes semblent avoir su mettre en avant l'intérêt d'un développement synergique avec leurs régions. La «capitale de la beauté» et la «ville magique» s'apprêtent à l'orée des années 2020 à

devenir des grandes métropoles qui éclosent dans la région formant le grand bassin de vie autour de la ville-centre.

Le Grand Shanghai et le Grand Paris ont rencontré bien de difficultés dans le passage de la ville à la ville-région. Si elles ont pu aller si loin jusqu'à présent dans la réalisation de ces objectifs, c'est en raison de l'attention portée au particularismes locaux. Attention qui s'exprime et se réalise de façon différente dans les deux cas spécifiques. Au cours des dernières décennies, les deux métropoles ont mené à bien leur processus d'«éclosion» à partir des exigences locales, tout en étant accompagnées par une impulsion nationale qui a toujours joué un rôle très important. Après une longue gestation, le Grand Paris a pu avancer rapidement dans sa mise en place entre 2013 et 2016(lancement du Grand Paris Express, entrée en vigueur de la loi MAPTAM, mise en place de la Métropole du Grand Paris), ce qui est indissociable du fait qu'en 2015 la France a officialisé la candidature de Paris aux Jeux olympiques et paralympiques de 2024, candidature remportée avec succès en 2017. La planification urbaine de la ville de Shanghai commencée en 2017 prévoit l' «éclosion» du Grand Shanghai en 2035. Le plan de développement des agglomérations urbaines du delta du fleuve Yangtze élaboré en 2016 déploie cinq zones métropolitaines dans la région du Yangtze et précise que Shanghai est la ville-pivot de tout le développement régional, tout en laissant en suspens la question de la création d'une véritable «région métropolitaine de Shanghai». L'idée d'une planification de Shanghai à l'échelle régionale est claire dès le début mais la création véritable de la région métropolitaine de Shanghai s'est faite sur la longue durée, dans l'interaction entre les différents acteurs. D'abord, il s'est agi de clarifier le portée de la région métropolitaine, son rayonnement, son échelle et les hiérarchies administratives en jeux; ensuite, il s'est agi de procéder au travers d'une conciliation administrative entre Shanghai et les 8 grandes villes régionales; enfin, il a fallu trouver une accord sur les règles de fonctionnement pour un développement synergique de la nouvelle réalité territoriale. La construction de la région métropolitaine de

Shanghai est devenue effective en 2019, grâce au Plan directeur du développement régional du delta du fleuve Yangtze validé par le Conseil d'État.

Bien que les deux grandes métropoles aient une place de premier plan à la fois à l'échelle mondiale et à l'échelle nationale, le passage de l'échelle d'une ville à l'échelle d'une ville-région s'est effectué à travers des étapes différentes et a donné lieu à des résultats différents. L'intérêt de leur mise en miroir réside donc dans l'observation décalée de l'une par rapport à l'autre, ce qui permet de mettre en lumière les différences et de trouver malgré tout des analogies.

Tableau 0-1 Confrontation entre la structure territoriale des villes-régions du Grand Shanghai et du Grand Paris

		Ville-région du Grand Paris	Ville-région du Grand Shanghai
ville-centre/ coeur métropolitain		Ville de Paris	Zone urbaine centrale de Shanghai
	surface	105 km^2	1, 161 km^2
	population	2.17 millions	environ 10 millions
	unité administrative	Ville de Paris (20 arrondissements)	pas de limites administratives
	Status/attributs administratifs	Municipalité de Paris	zone fonctionnelle sans attributs administratifs
métropole		Métropole du Grand Paris	Ville de Shanghai
	surface	814 km^2	6, 340 km^2
	population	7 millions	24 millions
	unité administrative	131 communes	16 districts
	status/attributs administratifs	établissement public de coopération intercommunal(EPCI)	municipalité relevant directement de l'autorité centrale

Continued

		Ville-région du Grand Paris	Ville-région du Grand Shanghai
région métropolitaine/ métropole- région		Région Île-de-France	Great Shanghai Metropolitan Area
	surface	12, 000 km^2	56, 000 km^2
	population	11, 26 millions, soit 18% de la popula- tion française	78 millions, soit 5, 5% de la population chinoise
	unité administrative	8 départements 1, 281 communes	8 grandes villes, 41 villes moyennes
	status/attributs administratifs	Région	région métropolitaine en développement synergique inter-provincial

L'expérience de l'autre: un miroir pour mieux compren-dre soi-même

Tout d'abord, nous voudrions souligner le sens d'une démarche liée à la mise en miroir de différents objets d'étude. Par cette démarche, nous nous détachons de l'approche comparative telle qu'elle est pratiquée dans les sciences humaines et sociales ou bien dans les sciences exactes. Notre point de vue d'enseignants en études urbaines et territoriales, ayant travaillé sur le Grand Paris et sur le Grand Shanghai de façon sectorielle et autonome, nous pousse à essayer de comprendre les deux métropoles à travers une approche analogique, à la fois déductive et inductive, qui mêle aspects quali-tatifs et quantitatifs et, surtout, qui tente d'élaborer des visions du futur ouvertes aux grands doutes et aux grandes mutations actuels. Il s'agit d'une sorte d'anticipation du futur à travers une analyse car-tographique qui explore le présent de la métropole tout on en antici-pant les mutations. Les cartes sont mises côte à côte de façon que l'une devienne le miroir de l'autre. Il s'agit d'un jeu de décalages

dans l'espace-deux géographies différentes-et dans le temps-combinaisons du temps présent, qui inclut le passé et le futur.

1. La logique de la mise en miroir mutuelle

L'approche analogique dans la recherche par la cartographie exploratoire permet l'élaboration de scénarios conçus comme un outil adapté non seulement à une réflexion qui associe l'échelle micro et macro, mais aussi adapté à l'exploration d'un «futur possible», au-delà du conjoncturel, à la recherche de nouvelles perspectives spatio-temporelles et sociales. L'analyse des territoires métropolitains, notamment dans les contextes mouvants du Grand Paris et du Grand Shanghai, nécessite une forme d'anticipation qui s'affirme en réaction à l'idée de l'irréversibilité des dynamiques et des processus qui les ont générés. L'observation des territoires doit pouvoir saisir l'origine et le sens inattendus des phénomènes de transformation et des représentations individuelles et collectives. En même temps, elle doit prendre en compte les nouveaux défis environnementaux, économiques et/ou énergétiques qui font partie de nos exigences, de nos dettes et de nos responsabilités vis-à-vis de l'avenir sans les renfermer dans des modèles ou des réponses figés.

Ainsi, à travers l'approche de mise en miroir et l'établissement de cartes-scénarios exploratoires, les phénomènes sont ordonnés selon un système de relations à la fois diachroniques et causales, afin de mettre en évidence les caractéristiques probables de l'évolution d'une situation donnée, sur la base d'un corps d'hypothèses formulées sur les tendances lourdes de cette évolution. Les cartes ne se réfèrent pas à des catégories de scénarios normatifs et prédictifs: les premiers proposant la simulation de développements probables d'un état présent vers le futur; les seconds proposant l'élaboration d'une image future à partir de laquelle le modèle séquentiel remonte jusqu'à la situation présente. Elles mettent en évidence une troisième catégorie, liée à un potentiel exploratoire et à une capacité à initier une réflexion critique «non figée» sur l'avenir d'un territoire. Compris comme support de récits, le scénario exploratoire cherche à por-

ter un regard à la fois sur la forme visible de l'espace et sur ses potentialités cachées. L'exploration des possibles, l'effort d'imagination, la réflexivité autour d'un présent qui contient les germes du futur, ainsi que l'appel à l'invention et l'effort d'une vision constructive unitaire semblent sortir ce type de scénario de la sphère des certitudes pour l'investir comme une démarche par essais et erreurs possibles qui tente d'établir un horizon de sens à partager. L'actuelle aire métropolitaine du Grand Shanghai est donc, pour les chercheurs français, un champ d'expérimentation très important qui permet d'appréhender, par analogie, des futurs possibles pour le Grand Paris. Et ceci est valable, dans le sens contraire, pour les chercheurs chinois.

2. En prenant le Grand Shanghai comme miroir, qu'est-ce que le Grand Paris peut apprendre?

La leçon que le Grand Paris pourrait tirer du Grand Shanghai serait liée, tout premièrement, à la relation avec la nature et à la manière dont les infrastructures de mobilité et de transport sont intégrées dans le territoire. Autant la ceinture métropolitaine verte, les parcs et les jardins shanghaïens, avec leurs réseaux de mobilité lente, que les grandes gares pour la mobilité à grande vitesse fonctionneraient ainsi comme une "hétérotopie" dans le sens que lui a attribué Foucault au cours de ses conférences datant des années 1960. A l'intérieur d'une culture donnée, nous vivons selon lui «un ensemble de relations qui définissent des emplacements irréductibles les uns aux autres» et qui diffèrent de ceux des autres cultures, perçus comme «des emplacements absolument autres». Dans la comparaison entre les deux dimensions métropolitaines nous pouvons sortir d'un rapport binaire et limité si nous introduisons «une sorte d'expérience mixte, mitoyenne, qui serait le miroir»: «Dans le miroir, je me vois là où je ne suis pas, dans un espace irréel qui s'ouvre virtuellement derrière la surface; je suis là-bas, là où je ne suis pas, une sorte d'ombre qui me donne à moi-même ma propre visibilité, qui me permet de me regarder là où je suis absent-utopie

du miroir. Mais c'est également une hétérotopie, dans la mesure où le miroir existe réellement, et où il a, sur la place que j'occupe, une sorte d'effet en retour; c'est à partir du miroir que je me découvre absent à la place où je suis puisque je me vois là-bas. À partir de ce regard qui en quelque sorte se porte sur moi, du fond de cet espace virtuel qui est de l'autre côté de la glace, je reviens vers moi et je recommence à porter mes yeux vers moi-même et à me reconstituer là où je suis; le miroir fonctionne comme une hétérotopie en ce sens qu'il rend cette place que j'occupe au moment où je me regarde dans la glace, à la fois absolument réelle, en liaison avec tout l'espace qui l'entoure, et absolument irréelle, puisqu'elle est obligée, pour être perçue, de passer par ce point virtuel qui est là-bas». Grâce à l'illusion du miroir, le regard que nous portons donc sur l'exemple des ceintures vertes, de la mobilité et de la métropolisation dans le Grand Shanghai permet de mieux comprendre, en retour, les caractéristiques et les spécificités de notre propre ville-région.

Toujours au sujet du regard sur la métropole asiatique, Jean Chesneaux propose dans son ouvrage *Modernité-monde*, l'image d'un «espace hors sol» où des constructions géantes semblent émerger du néant: elles renvoient à un système surpeuplé, surmotorisé, surconstruit, surprogrammé, et qui ne maintient son équilibre que dans l'agitation perpétuelle de la spéculation financière, de la nouveauté commerciale, de la congestion verticale et de la ruée des piétons. Cette réalité figée peut toutefois s'estomper si nous essayons d'y introduire l'expérience du miroir. Ainsi, regardé depuis le Grand Paris, le quartier de Pudong à Shanghai peut d'abord donner l'impression d'un espace éclaté, dominé par d'interconnexions, de réseaux, de circuits, de relais, de flux… Puis, petit à petit émergent de nombreuses situations de résistance à la pure domination des interconnexions, des réseaux, des circuits et des flux: jeunes ou vieilles générations occupant l'espace des interstices sous les nœuds autoroutiers et formant des flux ralentis; la nature se développant entre de puissantes infrastructures métalliques; … En

regardant ces situations à Pudong, nous percevons malgré tout une forte connexion et articulation entre le monde naturel et le monde des infrastructures liées à la mobilité et au transport. Et nous pouvons également mieux comprendre, en retour, les «espaces hors sol» de la métropole parisienne, notamment ceux liés aux infrastructures construites dans la période des Trente Glorieuses (1950—1970).

Ces mêmes formes de résistance à l'accélération de la mobilité, du trafic, du mouvement et du passage sont perceptibles dans le scénario de Shanghai 2040, établi par la Municipalité, les Instituts d'urbanisme et l'Université Tongji en 2012: de nouveaux systèmes d'organisation de l'espace-temps s'imposent avec leurs chemins piétons, leurs passerelles aériennes, leurs parcs suspendus ou même souterrains, irrigués de lumière naturelle par des cheminées réfractant les rayons du soleil.

Parallèlement, en observant la gare centrale de Shanghai avec nos yeux d'occidentaux, on constate tout d'abord un fort contraste entre sa réalité liée à l'aire métropolitaine du Grand Shanghai et la réalité urbaine du centre ville, où demeure encore un tissu très dense d'habitat traditionnel correspondant à une toute autre échelle. La gare est certes une gigantesque plateforme intermodale, au carrefour des réseaux, connectée par le rail aux différentes infrastructures de transport, et donc à l'ensemble de la province et du pays, mais elle représente aussi un lieu qui relie entre elles plusieurs réalités. Nous voyons donc dans un premier temps les multiples barrières physiques qui constituent des frontières, à la fois palpables et mentales, difficilement franchissables: elles se matérialisent tant par le mur de rails d'un demi-kilomètre de large érigé entre les bidonvilles du nord et le mélange de tours, de centres commerciaux et de *lilongs* du sud, que par la multiplication des contrôles et des limites entre la ville et l'espace d'attente et de départ en train. Mais, en regardant plus finement, on peut constater dans un deuxième temps qu'une micro-ville s'installe à la fois à l'extérieur et à l'intérieur de cette immense place couverte qu'est la gare centrale, avec une

densité d'expériences liées à l'attente, à l'arrivée et au départ. Le miroir de ces espaces clefs du Grand Shanghai nous fait en fin de comptes mieux comprendre la spécificité des grandes gares parisiennes, pour la plupart fortement articulées à leur propre histoire et à l'histoire des tissus dans lesquels elles s'inscrivent, mais qui sont peut-être en même temps en train de perdre leur capacité à créer de l'urbanité et des espaces de pause qualitative entre les flux.

Contrairement au modèle européen, la reconquête de l'espace commun dans et autour de la gare à Shanghai, comme dans la plupart des métropoles chinoises, semblerait n'avoir guère eu lieu. Cependant, la mise en miroir des deux réalités métropolitaines nous fait comprendre qu'elle a bien eu lieu mais de manière différente. Elle nous oblige en même temps à sortir des sentiers battus afin de mieux nous positionner par rapport à la création d'une nouvelle urbanité souhaitable au coeur de l'espace public.

3. En prenant le Grand Paris comme miroir, que peut apprendre le Grand Shanghai?

S'appuyant sur le concept du développement durable, le Grand Paris vise l'objectif de l'amélioration de la qualité de vie des citoyens et le renforcement de l'attractivité et de la force d'influence du territoire, ce qui permet de réfléchir sur la construction de la ville-région de Shanghai sans forcement vouloir la comparer au modèle francilien mais en faisant en sorte d'introduire plusieurs questions qui permettent la mise en miroir des deux cultures d'aménagement.

Premièrement, le Grand Paris attache une grande importance à la diversité et la considère comme un atout. D'une part, respecter la diversité de la structure démographique au sein du territoire, où il y a des citadins et des ruraux, des locaux et des immigrants, des résidents et des passants, des jeunes et des personnes âgées, avec toute leur la diversité, semble être considéré comme un atout en soi. Il s'agit d'une prise de conscience du fait que tout le monde doit avoir accès aux ressources régionales et aux biens publics, et que les écarts en matière de logement, de services, de mobilité,

d'emploi, d'espaces verts, de loisirs, soient réduits. D'autre part, il s'agit de répondre pleinement aux demandes diversifiées de la population, ce qui se traduit principalement par une diversité des temporalités et une diversité des infrastructures spatiales. Les objectifs proposés concernent des espaces plus pratiques, ainsi qu'une grande variété d'activités qui tienne compte des demandes exprimées par les Franciliens. Observé depuis le Grand Shanghai, le Grand Paris laisse donc percevoir un important modèle d'inclusivité territoriale. La mise en miroir des deux villes-régions nous amène à nous interroger sur la capacité du Grand Shanghai à respecter sa diversité démographique: la population enregistrée dans le registre institutionnel comme la population non résidente, les personnes âgées comme les jeunes, les Chinois comme les étrangers. Mettre l'accent sur la diversité implique une plus forte stimulation de la vitalité et du potentiel du développement territorial afin de favoriser les échanges et les interactions entre les diverses populations et permettre que leur diversité devienne une véritable richesse du développement territorial.

Deuxièmement, nous observons dans le miroir que le Grand Paris accorde une grande attention au développement de l'espace périurbain et rural et s'oriente vers un type de développement multipolaire. Contrer le déséquilibre territorial s'affiche comme l'un des premiers défis du développement du Grand Paris. Une nouvelle stratégie de densification et d'équilibre permettrait ainsi de promouvoir un développement équitable du territoire. La nouvelle ligne du Grand Paris Express poursuit la stratégie de développement multipolaire déjà mise en avant au cours du siècle dernier, mais elle met l'accent sur la qualité des espaces de proximité et une meilleure intégration de l'habitat afin d'améliorer la qualité de vie des résidents. Parallèlement, il s'agit d'attacher une grande importance au développement des espaces périurbains et ruraux du Grand Paris, tout en tenant compte de leur valeur écologique et environnementale et sans négliger leur valeur touristique et économique. Il s'agit de créer des emplois et de promouvoir un développement cohérent de

l'écologie et de la société grâce à la création de petites et moyennes entreprises innovantes ou artisanales, d'industries bas carbone, de services publics décentralisés.

Troisièmement, le Schéma directeur de la région Ile-de-France (SDRIF) à échéance 2030 semble attacher beaucoup d'importance au transport des personnes et des marchandises et promouvoir la connectivité urbaine comme condition préalable au développement d'une ville-région. Il s'agit d'améliorer systématiquement le réseau ferroviaire régional et à grande vitesse, de réhabiliter les infrastructures aéroportuaires, de régulariser la navigation et le transport fluvial, de compléter et adapter le réseau routier existant, mais aussi construire de nouvelles lignes de bus, des tramways, mettre l'accent sur la mobilité lente permettant une liaison alternative entre entre les différents pôles métropolitains tout en densifiant les zones urbaines autour des gares et stations. Le Grand Shanghai attache également de l'importance à la connectivité via les transports et à un développement intégré à l'échelle régionale. Le regard centré sur l'expérience du Grand Paris lui permet de réfléchir à deux aspects principaux: l'un concerne la mise en œuvre d'un réseau ferroviaire qui permettrait d'atteindre plusieurs pôles métropolitains sans passer nécessairement par la ville-centre. La région métropolitaine de Shanghai devrait pouvoir renforcer la connexion tangentielle ou transversale entre les villes nouvelles dans la périphérie de Shanghai et entre ces villes nouvelles et les villes des Provinces de Jiangsu et de Zhejiang, afin non seulement d'éviter la congestion dans la zone urbaine centrale, mais aussi de renforcer la connexion des petites et moyennes villes. D'autre part, il pourrait regarder l'exemple des petites et grandes stations et des gares ferroviaires du Grand Paris et se questionner sur un développement urbain compact des pôles métropolitains. Grâce à l'extension de ses lignes de métro et à la combinaison avec une mobilité sur rail adapté à l'échelle locale comme les lignes de tramway, la région métropolitaine de Shanghai pourrait favoriser un meilleur développement des villes et villages le long de ces lignes ferroviaire.

Enfin, nous observons que le Grand Paris attache de l'importance au maillage vert local et régional et établit une nouvelle relation entre l'habitat et la nature, répondant ainsi activement aux enjeux du changement climatique. Les stratégies se focalisent principalement sur deux aspects: d'une part, mettre en place des ceintures de connexion écologique pour limiter l'étalement urbain en construisant environ 13, 000 kilomètres de maillages périphériques qui dessinent en même temps les limites des pôles communaux. D'autre part, prendre soin des forêts, ainsi que des parcs, bois et jardins existants et renforcer leur développement intégré avec les quartiers d'habitation environnants afin d'atteindre une qualité multifonctionnelle liée au travail, mais aussi aux loisirs et au divertissement. La mise en miroir avec le Grand Paris met en lumière le fait que la région métropolitaine de Shanghai devrait maintenir un quota important d'espaces verts de qualité, multifonctionnels, et mieux utiliser les trames vertes et bleues afin de contrôler les limites du développement urbain. De nouveaux parcs périphériques, des forêts et des terrains boisées devraient pouvoir alterner avec des espaces verts de proximité mieux intégrés aux quartiers d'habitation.

Unir nos efforts: les deux métropoles explorent conjointement des solutions pionnières pour le développement durable des villes-régions

L'aspect du développement durable est certainement l'une des questions les plus importantes pour l'avenir du Grand Shanghai et du Grand Paris. Sur ce sujet et dans les processus de régénération urbaine, la mise en miroir des deux situations métropolitaines nous pousse à mettre l'accent sur l'importance d'une stratégie coopérative dans laquelle les modèles, les schémas typologiques et morphologiques, les cartes et plans exploratoires sont mis au service d'une compréhension fine du territoire qui intègre à la fois la petite et la grande échelle. Le miroir entre les deux villes-régions nous pousse à procéder par analogies, similitudes et différences, permet-

tant de développer, malgré l'absence d'une vision quantitative ex-
haustive des deux territoires, au moins une vision d'ensemble basée
sur un rapport qualitatif de leur espace. Le thème transversal de
l'écologie nous invite, par exemple, à réfléchir sur les possibilités
d'une plus grande intégration de la nature, tant à l'échelle des gran-
des infrastructures de transport routier, qui pourraient devenir des
avenues bordées d'arbres, qu'à l'échelle des cours et des passages
interstitiels, qui pourraient être mis en réseau et en harmonie avec
les grands parcs métropolitains. A travers le thème de l'écologie-qui
renvoie dans le monde occidental à l'idée de «demeure» et de «chez-
soi», l'approche durable du territoire nous invite à introduire de plus
en plus un regard qualitatif, sensible et émotionnel, un regard qui
nous a si longtemps manqué, car enseveli sous des regards plus
techniques. Il s'agit d'un regard qui nous surprend lorsque nous nous
arrêtons soudain pour contempler des lieux à la beauté évocatrice.

Nous pouvons ainsi conclure que les aspects du Grand Paris qui
peuvent être mis en avant dans sa mise en miroir avec le Grand
Shanghai sont l'attention et la place données aux habitants, le travail
avec les associations, les processus ascendants et descendants
associés et qui permettent à la culture de projet chinoise de se ques-
tionner sur l'harmonie et la qualité perçue de l'espace;
parallèlement, les aspects du Grand Shanghai importants pour le
Grand Paris sont le lien systémique entre nature et infrastructures,
l'efficacité du traitement de la diversité des échelles, la
compréhension holistique de l'architecture des territoires. Paradox-
alement, et contrairement aux idées reçues, le Grand Shanghai
montre une approche qui implique aussi un développement qualitatif
de l'environnement urbain et des formes de vie qui s'y déroulent.

Remerciements

Ce livre est le fruit de la collaboration entre l'Institut de développement urbain et démographique de l'Académie des sciences sociales de Shanghai et du laboratoire Ipraus-AUSser de l'École nationale supérieure d'architecture de Paris-Belleville. Il s'agit d'un travail conjoint de chercheurs et d'experts de Shanghai et de Paris. Les auteurs proviennent de l'Académie des sciences sociales de Shanghai, du *Shanghai Urban Planning & Design Research Institute*, de *China Academy of Urban Planning & Design*- filiale de Shanghai, de l'Administration municipale de planification et des ressources naturelles de Shanghai, de l'École nationale supérieure d'architecture de Paris-Belleville, de l'Institut Paris Region et du Centre National de la Recherche Scientifique(CNRS).

L'Administration municipale de la planification et des ressources naturelles de Shanghai a accordé des subventions pour les études de traduction ainsi que l'édition et la publication. Le Centre de recherche sur la planification de la région métropolitaine de Shanghai a fourni un soutien à la coordination de la recherche.

La rédaction du Urban Planning Forum et le comité de rédaction du Livre bleu de la région métropolitaine de Shanghai ont convenu que le livre pouvait utiliser certains contenus déjà publiés.

Les articles des auteurs français concernant le développement de l'aire métropolitaine du Grand Paris sont la traduction en chinois des contributions qui ont eu lieu dans le cadre du programme "Paris Métropoles en miroir. L'Île-de-France comme région métropolitaine" à l'Institut d'études avancées de Paris(IEA-Paris) en 2008 et 2009. Certains sont la retranscription originale des conférences enregistrées lors des débats à l'IEA-Paris, d'autres sont des articles scientifiques écrits lors de la publication du livre Paris, métropoles en miroir (éditions La Decouverte, 2012) ou bien lors de sa traduction anglaise(éditions La Commune, 2022). Dr Lang Fan, docteure de recherche de l'Université de Strasbourg, a entrepris la traduction chinoise des articles français; Yaping Zhang, chercheuse invitée, a entrepris la traduction entre le chinois et l'anglais. Nous tenons à exprimer notre sincère gratitude tant aux éditeurs qu'aux auteurs.

METROPOLISES IN
EACH OTHER'S MIRROR

A comparison between greater Shanghai metropolitan area
and great Paris metropolis

_____

Editor: **Tu Qiyu, Cristiana Mazzoni**

Deputy Editor: **Tao Xidong, Fan Lang**

上海社会科学院出版社
SHANGHAI ACADEMY OF SOCIAL SCIENCES PRESS

Chinese Authors

Tu Qiyu, Shanghai Academy of Social Sciences

Tao Xidong, Shanghai Academy of Social Sciences

Sun Ning, Shanghai Academy of Social Sciences

Xiong Jian, Shanghai Urban Planning and Design Research Institute

Song Juan, China Academy of Urban Planning and Design

Fan Yu, Shanghai Municipal Bureau of Natural Resources

Wang Shiying, Shanghai Municipal Bureau of Natural Resources

Kong Weifeng, Shanghai Municipal Bureau of Natural Resources

Lin Chenhui, China Academy of Urban Planning and Design, Shanghai Branch

Ma Xuan, China Academy of Urban Planning and Design, Shanghai Branch

Zhang Zhenguang, China Academy of Urban Planning and Design, Shanghai Branch

Chen Yang, China Academy of Urban Planning and Design, Shanghai Branch

Zhang Kang, China Academy of Urban Planning and Design, Shanghai Branch

Li Dan, China Academy of Urban Planning and Design, Shanghai Branch

Song Yu, Shanghai Urban Planning and Design Research Institute

Du Fengjiao, Shanghai Urban Planning and Design Research Institute

Li Na, China Academy of Urban Planning and Design, Shanghai Branch

Xue Zelin, Shanghai Academy of Social Sciences

Zhang Yan, Shanghai Academy of Social Sciences

Ling Yan, Shanghai Academy of Social Sciences

Xia Wen, Shanghai Academy of Social Sciences

Ji Weihua, Pudong Academy of Development and Reform

Xin Xiaorui, Zhejiang Commercial and Industrial University

French Authors

Cristiana Mazzoni, National School of Architecture of Paris-Belleville

Fan Lang, National School of Architecture of Strasbourg

Laurent Coudroy de Lille, University Paris-Est-Creteil

Mireille Ferri, Former Vice-President of the Institute for Urban Planning and Development of the Ile-de-France Region(currently Institute Paris Region)

Pierre Mansat, Former Deputy Mayor of Paris in charge of "Paris metropole" and relations with territorial communities in Ile-de-France

Antoine Grumbach-National Higher School of Architecture of Paris-Belleville

Albert Levy, French Institute of Urban Planning

Contents

Section Three   Comparison in Issues

Section Four   Comparison in Planning

Prolongue   City of Magic vs. City of Beauty—Two Metropolises Taking Each Other as Mirror

Tu Qiyu and Kristina Mazzone

This is a comparative study on how two top-tier metropolitan areas *outstep* by breaking through their city boundaries.

In the 2010s, Shanghai and Paris, two cities located on opposite ends of the Eurasian continent, almost simultaneously launched substantial initiatives for urban-regional development beyond their administrative borders. In France, the General Plan "*Schéma directeur de la région Ile-de-France*" was passed in 2013. On New Year's Day in 2016, the *Greater Paris Metropolitan Area* (Métropole du Grand Paris, hereinafter referred to as Greater Paris) was officially established based on the Law on the Modernization of Territorial Public Action and the Confirmation of Metropolitan Areas(Loi MAP-TAM, or Metropolitan Law). In China, Shanghai, Jiangsu, and Zhejiang jointly launched the preparation and approval of the "*Spatial Cooperative Plan of Greater Shanghai Metropolitan Area 2022—2035*"(hereinafter referred to as Greater Shanghai) in 2019. In this sense, the two world-class metropolitan areas have officially *outstepped* via breaking out their city boundaries.

This book collects research results from renowned urban-regional scholars who have been deeply involved in the early research, planning, and implementation monitoring of Greater Shanghai and Greater Paris. It attempts to introduce and analyze the process, current situation, and future of the transition from city to urban-regional through the dual mirrors of reciprocity and self-reflection.

Outstep: From Cities to City-Regions

1. Exploring the Optimal Scale for City-Regions: The Victory and Folly of Theory

Guiding the development perspectives of both people and leaders from the administrative scale of individual cities towards the functional scale of city-regions, which extends to potentialities and interconnectivity, was the most successful theoretical iteration in modern urbanization development. This was accomplished through the joint effort of disciplines such as economic geography, regional economics, urban and rural planning, remote sensing, and big data. However, when it came to the phase of "drawing circles" for city-regions, academic research turned into an endless and fruitless process. The academic sphere has created a plethora of concepts and standards attempting to provide a unified standard characterization of city-regions, including metropolis, metropolitan area, metropolitan circle, large metropolitan circle, region, giant region, commuter circle, and business circle, to name a few. However, it has subsequently been proven to be futile since the geographical space, economic ecology, administrative system, and real relationships between stakeholders differ substantially from place to place worldwide, making it impossible and unnecessary to establish a unified concept or standard.

Given the vast differences in geographic space, economic ecology, administrative systems, and the interests of stakeholders in different countries and regions, it is neither possible nor necessary to

establish a uniform concept or standard. For Shanghai and Paris, the applicable concepts and standards are those that have consensus in planning and are executable in implementation. This is also the reason why the two urban-regions are respectively referred to as the "Greater Shanghai Metropolitan Area" and the "Greater Paris Metropolitan Area."

2. Exploring Feasible Cross-Domain Collaborative Solutions: The Challenges and Joys of Practice

The process by which the two cities *outstep* from being individual cities to city regions is cautious, intricate, and protracted. In the modern sense, the administrative exploration of the "Greater Paris" and "Greater Shanghai" scale in terms of city-region can be traced back to the formulation of the "Schéma directeur d'aménagement et d'urbanisme de la région de Paris" in 1965 and the establishment of the Shanghai Economic Zone Planning Office in 1982. The above planning guidelines and planning office were respectively formulated and established by the central governments of France and China. Until the 2010s, the two cities experienced particularly difficult and complex multi-round explorations on the issue of going beyond the city, in terms of market forces, local governments, and the national level. Chapters 1 and 2 of this book respectively provide the clearest summary in Chinese literature to date.

The difficult situations of the two cities' explorations were different, but the reasons were similar. When the development potential of the central city has already "exploded," how to rationally guide its radiation release is obviously a matter of attitude. In summary, the superior government(national government, provincial government) often advocates "functional relocation," mainly from the perspective of suppressing urban congestion costs and balancing regional development, consciously and proactively decomposing the functions of the central city, and supporting regional second-tier cities and new towns. The central city as a participant often tends to advocate "spatial expansion" based on the idea of spatial agglomera-

tion externalities, and advocates the "incorporation" of regional space in terms of functions and even administration. Other towns in the regional scope often sway between the dual psychological states of "climbing high branches" and "fearing being eaten." It is precisely because of such a complex situation that it particularly tests the wisdom of negotiation and the patience of collaboration. In terms of the driving mechanism of negotiation and collaboration, top-down administrative will is important but not necessarily effective; the consensus and tacit understanding among stakeholders in the circle are more critical; market forces and people's choices are more effective than administrative forces(including planning forces); common vision and significant events are important driving factors.

The Basis of Mutual Reflection between Two Cities: Matching in all Aspects

In Shanghai, the French plane tree, also known as the tree of heaven, is widely planted on its roads, while in Paris the same tree is called the Chinese parasol tree, indicating their mutual appreciation for each other's culture and aesthetics.

As the first-tier cities of their respective countries, Shanghai and Paris have similar challenges when it comes to exploring a sustainable and responsible path for development. With their considerable economic size and population, both cities have long discussed and even disputed how to address the needs of their own development and contribute to the national development.

The sense of superiority as the first-tier city has long been embedded in their respective cultures. In Paris, the city is seen as a dichotomy between Parisians and foreigners, while in Shanghai, there used to be a clear divide between urban and rural residents. However, both cities have come to realize that there can be no better city development without national development, and collaborative development between city and region has become the common choice

for both Shanghai and Paris. In the 2020s, both cities *outstepped* from being mere cities to becoming city-regions. Both Shanghai and Paris went through a difficult process of exploration and encountered challenges.

However, through the long-term joint efforts of national will-power and national drive, both cities found their own characteristics and jointly embarked upon a path of sustainable development. The direct impetus for Shanghai to *outstep* was the publication of the *"Shanghai Urban Master Plan(2017—2035)"* in 2017. The *"Yangtze River Delta Regional Development Plan"* (2016) deployed five metropolitan areas in the Yangtze River Delta region and identified Shanghai as the core city of the Yangtze River Delta, but there was no mention of *"Shanghai's metropolitan area"* in the plan. The new round of Shanghai Urban Master Planning clearly indicated the planning ideas from a regional scale and gradually clarified the concept of the Shanghai Metropolitan Area through continuous interaction and brewing. The Shanghai Metropolitan Area is, first and foremost, a large metropolitan area with a high level of hierarchy, scale and cross-administrative levels. Secondly, its scope has been determined by administrative consultation(Shanghai + eight other cities); and thirdly, the operating rules for this metropolitan area have been established, such as coordinated development. Finally, the construction of the Shanghai Metropolitan Area was clearly proposed in the 2019 "Outline of the Development Plan for the Yangtze River Delta Region" by the State Council.

As cities expand to the scale of city-regions, there are still significant differences between first-tier cities in different countries. However, the value of cross-domain collaboration lies in observing and comparing how these two cities handle the extension of urban potential and spatial synergy at the scale of city-regions.

Table 0-1 Comparison of the Circulatory Structure of the Greater Shanghai and Greater Paris City-Regions

		Paris City-Region	Shanghai City-Region
Central City		Paris	Shanghai Central Urban Area (including main urban districts)
	Area(sq.km)	105	1,161
	Population(million)	2.17	Around 10
	Administrative Unit	Paris Metropolitan Area	Without administrative unit
	Administrative Attribute	City of Paris	Functional areas without administrative attribute
Metropolis		Métropole du Grand Paris	Shanghai Municipality
	Area(sq.km)	814	6,340
	Population(million)	7	24
	Administrative Unit	131 municipalities	16 districts
	Administrative Attribute	A New Type of municipal Alliance	Metropolis
Great Metropolitan Area		Région Île-de-France	Great Shanghai Metropolitan Area
	Area(sq.km)	12,000	56,000
	Population(million)	1,126	7,800
	Administrative Unit	8 provinces and 1,281 municipalities	8 cities and 41 districts
	Administrative Attribute	A French region consisting of eight provinces	A cross-provincial metropolis with coordinated development

Dual Mirrors: Using Each Other's Experience as a Mirror to Better Understand Ourselves

The first thing to emphasize in mutual reflection between two urban centers is the significance of the method used to reflect on different research objects. Through this approach, we depart from the comparative method, as is practiced in human sociology or in exact

sciences. As scholars in urban and regional studies, we have exten-
sively analyzed and researched our own cities without understanding
the situation in other metropolises. This enables us to understand
each other through the mirror of these two different regional experi-
ences. This is an analogical method, which is both deductive and in-
ductive, and it combines qualitative and quantitative aspects. Most
importantly, it attempts to explain the vision for the future, and is
open to the enormous changes currently underway.

1. The Logic of Dual Mirrors

In research, analogy methods allow for the detailed description
of situations which are not only useful for reflecting on connecting
micro and macro scales but also for exploring "possible futures."
This goes beyond mere combination and seeks new perspectives on
time, space, and society. Analysis of city-regions, especially
against the backdrop of changing environments in Greater Paris and
Greater Shanghai, should adopt a predictive form that reflects the
dynamic and irreversible ideas produced in those regions. Observa-
tion of the region must capture origins and meanings and reveal
transformations as well as individual and collective representation.
Additionally, new environmental, economic, and energy challen-
ges, which are part of our demands, debts, and responsibilities,
should be considered.

Therefore, systematic ordering of phenomena based on time and
causality should be established through mirroring methods and sce-
nario mapping. A series of assumptions based on the main trends of
their evolution needs to be made for highlighting possible character-
istics of a given situation. These scenario maps could refer to two
types of scenarios, normative and predictive, which simulate possi-
ble evolution from the present to the future and elaborate the situa-
tion of the future back to the present respectively. These scenario
maps also emphasize another type of scenario, which is the explora-
tory scenario, understood as support for a narrative that seeks to ex-
amine visible forms of space and their hidden potential. Exploration

of potentials, imagination, reflection on the present future, appeal to invention, and constructive effort seem to remove the region's scenario from determinism and consider it as a way of experimenting with trial and error in the attempt to build a shared vision. Therefore, mirroring is an important experimental field that allows us to understand our own possible future through analogy with others.

2. What could Paris Learn from Shanghai with Dual Mirrors from Cities to City-Regions?

The lesson that Greater Paris could learn from Greater Shanghai would be linked, first and foremost, to the relationship with nature and the way in which mobility and transport infrastructures are integrated into the territory. Both the green metropolitan belt, the parks and gardens of Shanghai, with their networks of slow mobility, and the large stations for high-speed mobility would function as a "heterotopia" in the sense attributed to it by Foucault in his lectures in the 1960s. According to Foucault, within a given culture we experience "a set of relations that definize locations that are irreducible to one another" and that differ from those of other cultures, which are perceived as "locations that are absolutely other". In the comparison between the two metropolitan dimensions, we can move away from a binary and limited relationship if we introduce "a kind of mixed experience, which would be the mirror": "In the mirror, I see myself where I am not, in an unreal space that virtually opens up behind the surface; I am over there, where I am not, a kind of shadow that gives me my own visibility, that allows me to look at myself where I am absent-the utopia of the mirror. But the mirror is also a heterotopia, insofar as it really exists, and insofar as it has a kind of feedback effect on the place I occupy; it is from the mirror that I discover myself absent from the place where I am, since I see myself there. From this gaze, which in some way focuses on me, from the depths of this virtual space on the other side of the mirror, I return to myself and begin again to look at myself and reconstitute myself where I am. The mirror functions as a heterotopia in the sense that it makes

the place I occupy when I look at myself in the mirror both absolute-
ly real, in connection with all the space around it, and absolutely
unreal, since in order to be perceived it has to pass through that vir-
tual point over there". Thanks to the illusion of the mirror, the way
we look at the example of the green belts, mobility and metropolisa-
tion in Greater Shanghai gives us a better understanding, in return,
of the characteristics and specific features of our own city-region.

Still on the subject of our view of the Asian metropolis, Jean
Chesneaux, in his book Modernité-monde, proposes the image of an
"above-ground space" where giant constructions seem to emerge
from nothing: they refer to an overcrowded, over-motorised, over-
built, over-programmed system, which maintains its equilibrium on-
ly in the perpetual agitation of financial speculation, commercial
novelty, vertical congestion and the rush of pedestrians. This fixed
reality can, however, be blurred if we try to introduce the experi-
ence of looking in the mirror. Viewed from Greater Paris, Shanghai's
Pudong district may initially give the impression of a fragmented
space, dominated by interconnections, networks, circuits, relays
and flows... Then, little by little, numerous situations of resistance
to the pure domination of interconnections, networks, circuits and
flows emerge: young or old generations occupying the space of the
interstices under the motorway junctions and forming slowed-down
flows; nature developing between powerful metal infrastructures;
etc. Looking at these situations in Pudong, we can nevertheless see
a strong connection and articulation between the natural world and
the world of infrastructures linked to mobility and transport. In re-
turn, we can also gain a better understanding of the "above-ground
spaces" of the Paris metropolis, particularly those linked to the in-
frastructure built during the "Trente Glorieuses" period (1950—
1970).

These same forms of resistance to the acceleration of mobility,
traffic, movement and passage are perceptible in the Shanghai 2040
scenario, drawn up by the City Council, the Institutes of Urban
Planning and Tongji University in 2012: new systems for organizing

space-time are emerging, with their pedestrian paths, aerial walkways, suspended or even underground parks, irrigated with natural light by chimneys refracting the sun's rays.

At the same time, if we look at Shanghai Central Station with our Western eyes, we can see a sharp contrast between the reality of the Greater Shanghai metropolitan area and the urban reality of the city centre, where there is still a very dense fabric of traditional housing on a completely different scale. The station is certainly a gigantic intermodal platform, at the crossroads of networks, connected by rail to the various transport infrastructures, and therefore to the whole of the province and the country, but it also represents a place that links together several realities. Initially, therefore, we see the many physical barriers that form borders, both palpable and mental, that are difficult to cross: they are materialized both by the half-kilometre-wide wall of rails erected between the shantytowns of the north and the mix of towers, shopping centres and lilongs of the south, and by the multiplication of controls and boundaries between the city and the waiting and train departure areas. But if we look more closely, we can see that a micro-city is taking root both outside and inside this immense covered square that is the central station, with a density of experiences linked to waiting, arriving and departing. Looking at these key spaces in Greater Shanghai gives us a better understanding of the specific nature of Paris's major stations, which for the most part are strongly linked to their own history and to the history of the areas in which they are located, but which are perhaps at the same time losing their ability to create urbanity and spaces for quality breaks between flows.

In contrast to the European model, in Shanghai, as in most Chinese metropolises, there seems to have been little reclaiming of communal space in and around the station. However, by comparing the two metropolitan realities, we can see that it has indeed happened, but in a different way. At the same time, it forces us to think outside the box in order to better position ourselves in relation to the creation of a desirable new urbanity at the heart of public space.

3. What Could Shanghai Learn from Greater Paris by using Dual Mirrors?

Greater Paris, with its focus on sustainable development and improving the quality of life for its residents, as well as increasing the attractiveness and influence of the region, offers a valuable lesson for promoting development in the Shanghai metropolitan area.

Firstly, Greater Paris highly values diversity, seeing it as a source of wealth. It respects the diversity of the population within the region, which includes urban and rural residents, locals and foreigners, settlers and temporary residents, and both young and old. Greater Paris views diversity itself as a source of wealth and aims to provide all residents equal access to regional resources and public properties, reducing disparities in housing, services, transportation, employment, green spaces, entertainment and more. Additionally, it satisfies the diverse demands of the population in terms of transportation and space, which is reflected in a variety of travel activities and spatial carriers. Therefore, Greater Paris fully embodies the inclusiveness of regional development. Similarly, in the Shanghai metropolitan area, it is necessary to respect the diversity of demographics, including the registered population and residents, elderly and young populations, domestic and foreign populations, amongst others. By embracing diversity, the region can stimulate development vitality and potential, promote interaction and communication among diverse populations, and transform diversity into a real source of regional development wealth.

Secondly, Greater Paris attaches great importance to the development of suburban and rural areas, with a clear focus on multipolar development. Regional imbalance is the primary challenge that Greater Paris faces, and it has adopted strategies of aggregation and balance to promote regional balanced development. On the one hand, it has established a clear strategy for multipolar development by developing new centers through rail transportation and expressways, emphasizing the development and integration of residential and living spaces, in order to improve the living conditions of resi-

dents. On the other hand, it also places high importance on the development of towns and villages within Greater Paris, by tapping into their ecological and economic value, such as their tourism potential, and through the development of new economic industries, including innovation-based or small and medium-sized enterprises in the craft industry and public service industry, to create employment opportunities and to promote the coordinated development of ecology and society.

The Shanghai metropolitan area can draw lessons from the experience of Greater Paris and combine it with the implementation of China's "rural revitalization" strategy. By concentrating on the development of small towns and rural areas, the Shanghai metropolitan area can become an important node for its development, further promoting the integration of urban and rural areas within the city region.

Thirdly, prioritizing convenient transportation and promoting urban connectivity is the prerequisite for the development of metropolitan areas. Greater Paris has constructed a public transportation network from a systematic perspective, which has undergone significant changes. Based on the promotion of the flow of people and goods, the system has improved the high-speed railway network, reconstructed airport facilities, developed inland water transportation, introduced the Grand Paris Express, and supplemented the road network of Greater Paris. Greater attention has been paid to the connection between the central area of the metropolitan area and the centers of surrounding towns, by constructing new buses, trams and slow-moving transportation. Through infrastructure construction, it has established compact cities near transportation hubs. The Shanghai metropolitan area also attaches great importance to transportation connectivity, providing hardware support for regional integration and development. Mainly, the two aspects have been learned: firstly, by learning from the French approach, which avoids passing through the central city of Paris and reaches more places directly. The Shanghai metropolitan area can learn from this concept and strengthen rapid communication between new suburban cities and Su-Zhe

towns, in addition to the fast connection between the new suburban cities. This will not only avoid traffic congestion in the central urban areas but also enhance the communication efficiency of surrounding small and medium-sized city nodes. Secondly, Greater Paris serves as an example, which has driven the development of surrounding compact cities through small station, large station, and railway station construction. The Shanghai metropolitan area can promote the development of small towns along the subway rail transit line by extending the subway line and combining it with the subway overpass.

Fourthly, prioritizing the development of green infrastructure and establishing a new relationship between cities and nature. Greater Paris actively addresses the challenges of climate and environmental changes by proposing an ecological and livable vision. The strategy is to limit urban expansion through the creation of ecological connection belts, approximately 13,000 kilometers in length, which serve as boundaries between urban and rural areas. Additionally, open spaces like green areas, forests, and natural parks are developed and integrated with neighboring neighborhoods, creating multifunctional urban green spaces, landscapes, and recreational spaces. The Shanghai metropolitan area planning should adhere to the principle of green bottom-line development and adopt a blue-green grid to control urban development boundaries. The development of suburban parks, forests, green spaces, and other open spaces should be fully utilized and integrated with urban neighborhoods to achieve holistic development.

Collaboration is crucial for exploring excellent solutions for sustainable urban-region development in the twin cities

Sustainable development is undoubtedly one of the most important issues for the future of Greater Shanghai and Greater Paris. This theme inevitably calls for the implementation of a collaborative strategy. In this strategy, models, types, and forms are used for a com-

prehensive understanding of the region. It also involves a greater integration of nature, whether in the scale of major road transport infrastructures, such as becoming tree-lined boulevards, or in the scale of courtyards and interstitial paths, linked to large metropolitan parks. Sustainable development also invites us to introduce more and more long-lost emotional glimpses, which often surprise us when we suddenly stop to think about the beauty of a place full of memories. This approach implies maximum respect for oneself and the environment. Aspects emphasized by Greater Paris include consultation with residents, cooperation with associations, and bottom-up and top-down processes. Greater Shanghai, on the other hand, needs to delve into the connections between nature and infrastructure, and to handle the efficiency of scale, architecture, and territorial diversity.

Acknowledgment

This book is a collaborative achievement between scholars and experts from the Shanghai Academy of Social Sciences, the Institute of Urban and Demographic Studies, and the Ipraus-AUSER Laboratory at the Paris La Villette School of Architecture. The authors come from the Shanghai Academy of Social Sciences, the Shanghai Urban Planning and Design Research Institute, the Shanghai Branch of the China Academy of Urban Planning and Design, the Shanghai Municipal Bureau of Natural Resources, the Paris La Villette School of Architecture, the Paris Region Institute, and the French National Center for Scientific Research.

The Shanghai Municipal Bureau of Natural Resources provided funding for the translation and writing of this book as well as editing and publishing support. The Shanghai Metropolitan Planning Research Center provided research coordination support for this book.

The Editorial Department of the *Journal of Urban Planning* and the Editorial Committee of the *Shanghai Metropolitan Blue Book* agreed to the inclusion of previously published content by Chinese authors. The articles on the development of the Greater Paris metropolitan area are based on Chinese translations of articles written by French authors within the framework of the ' Mirror Paris-Greater

Paris Region' project, hosted by the Paris Institute for Advanced Study(IEA-Paris) between 2008 and 2009. Some of the content includes transcripts of original workshop discussions during the project, while others are academic articles published in the book *Paris, Mirror City*(French edition 2012 or English edition 2022). Dr. Fang Lang undertook the translation of the French articles into Chinese, and visiting scholar Zhang Yaping undertook the translation of the English sections. Sincere thanks are extended to them.

Partie III. Miroir des enjeux

Chapitre 6. Principaux défis pour le développement synergique de la région métropolitaine de Shanghai

Chapitre 7. Les enjeux du Schéma directeur(SDRIF) de 2008

Chapitre 8. Les défis de Paris métropole

Chapitre 9. Le Grand Pari(s) de l'agglomération parisienne

Partie IV. Miroir de la planification

Chapitre 10. Vers une planification spatiale collaborative de la région métropolitaine de Shanghai

Chapitre 11. Le cadre technique de l'aménagement du territoire à l'échelle régionale: les expérimentations de planification de la région métropolitaine de Shanghai

Chapitre 12. Paris métropole en projet: une approche de l'architecture urbaine à travers la grande échelle

Chapitre 13. Vers un urbanisme transactionnel. L'urbanisme à l'âge de la démocratie avancée

Épilogue. La mutation du langage contextuel autour de la métropole

Référence

Remerciements

Table des matières

Auteurs en Chine

Tu Qiyua, Académie des sciences sociales de Shanghai

Tao Xidong, Académie des sciences sociales de Shanghai

Su Ning, Académie des sciences sociales de Shanghai

Xiong Jian, Institute d'urbanisme et de design de Shanghai

Sun Juan, Académie Chinois d'urbanism et de design-filiale de Shanghai

Fan Yu, Administration municipale de la planification et des ressources naturelles de Shanghai

Wang Shiying, Administration municipale de la planification et des ressources naturelles de Shanghai

Kong Weifeng, Administration municipale de la planification et des ressources naturelles de Shanghai

Lin Chenhui, Académie Chinois d'urbanism et de design-filiale de Shanghai

Ma Xuan, Académie Chinois d'urbanism et de design-filiale de Shanghai

Zhang Zhenguang, Académie Chinois d'urbanism et de design-filiale de Shanghai

Chen Yang, Académie Chinois d'urbanism et de design-filiale de Shanghai

Zhang Kang, Académie Chinois d'urbanism et de design-filiale de Shanghai

Li Dan, Académie Chinois d'urbanism et de design-filiale de Shanghai

Song Yu, Institute d'urbanisme et de design de Shanghai

Du Fengjiao, Institute d'urbanisme et de design de Shanghai

Li Na, Académie des sciences sociales de Shanghai

Xue Zelin, Académie des sciences sociales de Shanghai

Ling Yan, Académie des sciences sociales de Shanghai

Zhang Yan, Académie des sciences sociales de Shanghai

Xia Wen, Académie des sciences sociales de Shanghai

Ji Weihua, Institut de recherche sur la réforme et le développement de Pudong

Xiaorui XIN, Université de commerce et d'industrie de Zhejiang

Auteurs en France

Cristiana Mazzoni, École nationale supérieure d'architecture de Paris-Belleville, Laboratoire Ipraus-UMR AUSser (MC CNRS 3329)

Lang Fan, École nationale supérieure d'architecture de Strasbourg, Laboratoire AMUP ENSA-INSA de Strasbourg

Laurent Coudroy de Lille, Université Paris-Est-Créteil (UPEC), Lab'Urba-Université Gustave Eiffel et UPEC

Mireille Ferri, Ancienne vice-présidente de l'Institut d'aménagement et d'urbanisme de la région Île-de-France (IAU ÎdF, actuellement Institute Paris Region) .

Pierre Mansat, Ancien Adjoint au maire de Paris en charge de « Paris métropole » et des relations avec les collectivités territoriales d'Île-de-France

Antoine Grumbach, École nationale supérieure d'architecture de Paris-Belleville, Laboratoire Ipraus-UMR AUSser (MC CNRS 3329)

Albert Lévy, CNRS-Laboratoire Théorie des mutations urbaines(LTMU) , Institut français d'urbanisme

MÉTROPOLES EN MIROIR

Confrontation entre l'aire métropolitaine de
Shanghai et le Grand Paris

Sous la direction de
Tu Qiyu, Cristiana Mazzoni, Tao Xidong, Fan Lang

上海社会科学院出版社
SHANGHAI ACADEMY OF SOCIAL SCIENCES PRESS